ENTRETIENS FAMILIERS

D'UN INSTITUTEUR AVEC SES ÉLÈVES

SUR LES

INSECTES UTILES

PAR

M. A. YSABEAU

PARIS
DEZOBRY, E. MAGDELEINE ET Ce, LIBRAIRES-ÉDITEURS
RUE DES ÉCOLES, 78
(près du Musée de Cluny et de la Sorbonne.)

1860

ENTRETIENS FAMILIERS

D'UN INSTITUTEUR AVEC SES ÉLÈVES

SUR LES

INSECTES UTILES

NOUVELLE BIBLIOTHÈQUE D'ÉDUCATION

OU

LECTURES CHOISIES POUR LES FAMILLES ET LES ÉCOLES

PUBLIÉE SOUS LA DIRECTION ET AVEC LA COLLABORATION DE

M. L.-C. MICHEL

Publication illustrée par de jolies gravures accompagnant le texte, qui se vend, soit par volume in-18, sous le titre de *Couronnes du Mois*, soit par brochure in-18, embrassant dans son cadre un sujet distinct, sous le titre de *Couronnes de la Semaine.*

PREMIÈRE SÉRIE. — *Lectures religieuses.*

1° RÉCITS DE LA BIBLE, ou Tableaux de l'Histoire sainte, par M. *C. L. Michel*, approuvés par S. E. le cardinal archevêque de Bordeaux pour les écoles et les familles de son diocèse, 4 vol. ou couronnes du mois.

Prix de chacun, broché : » 35
12 brochures ou couronnes de la semaine. Prix de chacune, br. » 10
La douzaine. 1 20

2° TABLEAU DU CULTE CATHOLIQUE. 1 vol. ou couronnes du mois.
Prix (*Sous presse*): » 35
3 brochures ou couronnes de la semaine. Prix de chacune. » 10
La douzaine. 1 20

DEUXIÈME SÉRIE. — *Lectures morales.*

MORALE DE L'ENFANCE, développée par des contes. 3 vol. ou couronnes du mois. Prix de chacun, br. » 35
9 brochures ou couronnes de la semaine. Prix de chacune, br. » 10
La douzaine. 1 20

TROISIÈME SÉRIE. — *Lectures sur l'Histoire naturelle, les Sciences physiques et l'Ind strie.*

SPECTACLE DE LA NATURE, expliqué aux enfants, ou Manifestation de la Providence dans la conservation et le gouvernement de l'univers.

1° TABLEAU DES TROIS RÈGNES DE LA NATURE, par M. le docteur *Cossé*, professeur d'histoire naturelle. 6 vol. ou couronnes du mois. Prix de chacun, br. » 35
10 brochures ou couronnes de la semaine. Prix de chacune. » 10
La douzaine 1 20

2° PHYSIQUE ELEMENTAIRE, ou Exposé méthodique des phénomènes les plus intéressants de la physique et de la météorologie, avec l'explication de leurs causes et de leurs lois, *mise à la portée des personnes étrangères aux études mathématiques*, et facilitée par des dessins pittoresques accompagnant le texte, par M. *Desdouits*, inspecteur d'académie à Bourges. 9 tom. Prix de chacun : » 50

Paris. — Imprimerie de E. DONNAUD, rue Cassette, 9.

ENTRETIENS FAMILIERS

D'UN INSTITUTEUR AVEC SES ÉLÈVES

SUR LES

INSECTES UTILES

PAR

M. A. YSABEAU

PARIS

DEZOBRY, E. MAGDELEINE ET Ce, LIBRAIRES-ÉDITEURS

RUE DES ÉCOLES, 78

(près du Musée de Cluny et de la Sorbonne.)

1860

Toutes nos éditions seront revêtues de notre griffe.

PRÉFACE.

Parmi les insectes utiles, les Abeilles, les Vers à soie, la Cochenille, n'occupent pas seulement le premier rang; ils constituent presque à eux seuls cette classe d'insectes que leurs services recommandent à l'homme, et qu'il élève pour en tirer parti.

Si les insectes nuisibles ont attiré l'attention par le nombre et la variété de leurs espèces, par les singularités de leur genre de vie, de leurs moyens de destruction, des procédés employés à les combattre, l'histoire des Abeilles et des Vers à soie, mieux étudiée et plus connue, offre un autre genre d'attrait.

Les particularités curieuses de la vie et des mœurs de ces insectes se trouvant en rapport avec les soins et les procédés employés pour leur éducation et pour l'utilisation de leurs produits, le tableau de leur existence montre à la fois et les merveilles de la nature dans l'organisation des êtres animés, et les merveilles de l'industrie humaine pour améliorer les dons que la nature lui fait, et pour les approprier à ses besoins et à ses usages.

Les Abeilles se trouvent partout; les Vers à soie peuvent être élevés dans presque toutes les régions de la France. On connaît le goût des enfants pour l'éducation de cet insecte. Plus d'un pupître dans les écoles recèle mystérieusement deux ou trois de ces prisonniers qui, grâce à l'adroite sollicitude de la providence enfantine chargée de leur existence, traversent heureusement toutes les phases de leur vie, et tissent en silence leurs tombeaux d'or entre les feuilles ouvertes d'une grammaire ou d'un dictionnaire.

On est donc à peu près sûr d'intéresser les enfants en leur parlant des Abeilles et des Vers à soie, ainsi que des phénomènes remarquables que la curiosité seule les a souvent portés à observer dans la vie de ces insectes.

La Cochenille est beaucoup moins connue; comme elle n'est pas élevée en France, on a pu passer plus rapidement sur les détails de son éducation.

Quant aux Abeilles et aux Vers à soie au contraire, on a fait en sorte que, sans s'écarter du cadre imposé par la nature de ces entretiens familiers, rien d'utile ou d'intéressant ne fût omis sur leur organisation, leur éducation et leurs services, et que ce petit livre sous sa forme rapide et dégagée fût cependant un résumé exact et complet des nombreux et savants ouvrages publiés sur ces matières.

L.-C. Michel.

Pour rendre la lecture de ce volume plus profitable dans les écoles, on a fait suivre chaque entretien d'un questionnaire où sont résumés, sous forme de questions, les points les plus intéressants qui y sont développés. Le maître peut donc exercer les élèves à répondre de vive voix à ces questions, et donner ensuite ces réponses à rédiger par écrit aux élèves les plus avancés. Ainsi il trouve en même temps dans cette lecture des sujets variés et instructifs d'exercices de vive voix et de devoirs par écrit.

ENTRETIENS FAMILIERS

ENTRE UN INSTITUTEUR ET SES ÉLÈVES

SUR

LES INSECTES UTILES

CHAPITRE IER.

PREMIER ENTRETIEN.

LES ABEILLES.

§ 1. — Aujourd'hui, mes enfants, dit l'instituteur à son jeune auditoire, j'ai à vous entretenir des insectes utiles à l'homme; les notions que je me propose de vous communiquer à leur sujet ne vous paraîtront pas, je l'espère, dépourvues d'intérêt.

— Est-ce qu'il y a beaucoup d'insectes utiles à l'homme? dit un élève. J'en vois peu dans notre pays. Pour mon compte, je ne connais que l'Abeille à qui le titre d'insecte utile peut convenir.

— Il y a, dit l'instituteur, outre l'Abeille, deux insectes éminemment utiles à l'homme, puisque leur produit annuel est de plusieurs centaines de millions; ce sont le Ver à soie et la Cochenille. Nous nous occuperons d'abord de l'Abeille; elle mérite la priorité pour plusieurs raisons : vous la connaissez tous plus ou moins; vous connaissez l'utilité de ses produits, et il est possible de l'élever avec avantage sur tous les points de la France. Nous avons d'autant plus de motifs de nous intéresser à l'Abeille, que son miel et sa cire ne nous coûtent, comme on dit vulgairement, que la peine de les prendre.

— Oui ; mais l'Abeille pique, dit un enfant, et sa piqûre fait cruellement souffrir : j'en sais quelque chose!

— Est-ce que les Abeilles de mes ruches ont jamais piqué personne d'entre vous?

— Assurément, non, monsieur; le rucher est placé bien à l'écart, dans un coin du jardin de l'école, et la barrière qui l'entoure à distance empêche qu'on ne puisse aller déranger ou tracasser les Abeilles.

§ 2. — Vous venez, mon enfant, de mettre précisément le doigt sur la difficulté. Les Abeilles veulent être maîtresses chez elles; elles ne piquent, ainsi que vous l'avez très-bien remarqué, que ceux qui les tracassent et les dérangent ; il n'y a qu'à les laisser tranquilles pour être certain de n'en être jamais piqué. Quelqu'un de vous sait-il d'où vient le mot Abeille?

Personne ne se trouvant en état de répondre à cette question, — Ce mot, reprit l'instituteur, vient du mot latin *apis*, nom de l'Abeille chez les anciens. Je vous ferai remarquer à ce sujet que, dans l'antiquité, les services rendus par l'Abeille au genre humain étaient en général beaucoup mieux appréciés qu'ils ne le sont de nos jours.

— Pourquoi cela, monsieur, je vous prie?

— C'est, dit l'instituteur, que dans l'antiquité le sucre était à peine connu en Europe. Les Grecs et les Romains recevaient de la Chine et de l'Inde de très-petites quantités de sucre candi; ils en ignoraient l'origine et le payaient au poids de l'or. Le sucre n'est devenu commun en Europe que dans les temps tout à fait modernes; pendant une longue suite de siècles, toutes les préparations qui se font de nos jours avec du sucre ne se faisaient qu'avec du miel. Vous comprenez, d'après cela, quelle place importante les Abeilles devaient occuper dans l'économie rurale chez les anciens.

§ 3. — L'Abeille est, vous le savez, un modèle d'activité; elle en est restée le symbole dans une partie de l'Europe voisine de notre frontière du Nord. Dans le patois des habitants de la Belgique wallone, on dit encore vulgairement : *Abeille, abeille,* pour dire : Vite, vite, dépêchons-nous.

C'est un hommage d'origine fort ancienne, rendu à l'agilité de l'Abeille et à son infatigable activité. Plusieurs d'entre vous savent, sans doute, à quelle famille d'insectes appartient l'Abeille?

— Je crois me rappeler, dit un élève, qu'elle appartient aux Hyménoptères sociaux, comme la guêpe et la fourmi?

— C'est effectivement ce que j'ai eu occasion de vous faire remarquer en vous parlant de ces deux insectes, et vous ne l'avez point oublié. Je n'ai donc pas besoin de vous rappeler que, comme tous les Hyménoptères sociaux, l'Abeille vit en sociétés très-nombreuses, dans lesquelles il y a des mâles, des neutres ou ouvrières, et une seule femelle qui porte le nom de *reine*, parce qu'elle exerce en effet sur sa nombreuse famille une autorité qui n'est jamais méconnue.

Voici quelques individus conservés dans ma collection; vous voyez qu'ils diffèrent essentiellement entre eux. Seriez-vous en état de les distinguer et de m'indiquer quels sont les mâles, les femelles et les neutres?

— Je pense, monsieur, dit un enfant, que les plus grosses sont des reines ou des mères, comme on voudra les nommer; je n'en ai jamais vu de vivantes; mais, comme je sais que ce sont les plus grosses de la troupe, je ne crois pas me tromper. Quant aux ouvrières, je suppose que ce sont les plus petites; si j'osais, je dirais les plus maigres; leur physionomie, sauf le volume, est tout à fait celle de reines. Ces gros insectes, tout couverts de poils, ne peuvent être que des mâles.

§ 4. — Vos suppositions, mon enfant, sont tout à fait conformes à la réalité. Je demanderai à ceux d'entre vous qui se souviennent de nos entretiens au sujet de la guêpe, s'ils savent encore comment il se fait que dans un guêpier (je ne parle pas des ruches, que nous n'avons point encore étudiées ensemble), la plus grande partie de la population est composée de neutres-ouvrières, avec un petit nombre de femelles et quelques mâles seulement?

— Si j'ai bonne mémoire, dit un élève, vous nous avez dit, monsieur, que toutes les larves desquelles naissent des guêpes ouvrières pourraient devenir des femelles, mais leur développement reste incomplet, en raison de la petitesse des cellules où elles sont nourries. Celles qui naissent et grandissent dans des cellules plus spacieuses prennent tout leur accroissement, et deviennent des femelles semblables à leur mère. Est-ce que les choses se passent ainsi chez les Abeilles?

— Oui, mon enfant, j'ai mieux aimé vous faire retrouver ce fait intéressant dans vos souvenirs que de vous le répéter à propos des Abeilles. Remarquez, à ce sujet, que nous perdons souvent un temps énorme à apprendre sous une forme ce que nous savions sous une autre, sans nous rappeler que nous le savions. Il est difficile de savoir beaucoup de choses, mais il est toujours facile et extrêmement utile de bien savoir tout ce qu'on sait.

§5. — Quoique, par la dessiccation, les échantillons que vous avez sous les yeux soient tant soit peu défigurés, regardez avec ma loupe les jointures des pattes des ouvrières; vous y distinguerez d'abord un faisceau de poils rudes disposé en forme de brosse, puis une petite cavité, qui n'existent ni chez la reine ni chez les mâles. La *brosse* et la cavité, que les naturalistes nomment la *corbeille*, servent aux ouvrières à récolter et à rapporter au logis les matériaux dont elles fabriquent la cire, matière première où sera déposé le miel. Si ces organes ne se trouvent pas chez les autres habitants de la ruche, c'est qu'ils n'en ont pas besoin, puisqu'ils ne travaillent pas. Vous le voyez, mes enfants, nous retrouvons en tout et partout les marques évidentes de la sagesse et de la bonté de l'Auteur de toutes choses; ces insectes reçoivent de lui les instruments de travail et l'admirable instinct qui les rendent capables de suffire à la tâche qu'ils ont à remplir. Ici, la plupart des notions que je vous ai communiquées au sujet de la Guêpe trouvent leur application. A une certaine époque de l'année, il y a même une analogie frappante entre le guêpier et la ruche. Des cellules, de forme à peu près semblable dans l'un et dans l'autre, ont reçu des œufs qui sont devenus des larves; celles-ci sont nourries dans leurs loges, que les naturalistes nomment *alvéoles*, d'où elles ne sortiront qu'après avoir subi toutes leurs métamorphoses. Dans le guêpier, la mère nourrit elle-même les larves nées de sa première ponte, parce qu'elle a survécu seule à l'hiver; dans la ruche, la reine ne travaille jamais, parce que sa postérité se réveille au printemps ainsi qu'elle-même, et se charge pour elle de tous les soins et de tous les travaux. Je vous ai fait remarquer, au sujet de la Guêpe, que chez cet insecte la vie est annuelle; chez l'Abeille, elle est très-durable, et, bien que le terme de l'existence de l'Abeille ne soit pas connu avec beaucoup de précision, il est parfaitement certain qu'elle vit plusieurs années. Après ce court aperçu préliminaire des faits généraux qui concernent les Abeilles, rendons-nous un compte particulier de leurs travaux. Voici une ruche abandonnée, dans laquelle j'ai laissé des gâteaux ou rayons dans l'ordre où ils ont été construits. Vous voyez qu'ils sont étagés et solidement fixés aux parois de la ruche, et que pourtant il reste partout un espace libre pour que les Abeilles puissent circuler partout sans gêne, et faire leur service sans trouble et sans embarras. Je ne vous demande pas avec quoi sont construits ces gâteaux, car tout le monde croit le savoir.

§ 6. — Je pense, monsieur, qu'il n'y a pas lieu au plus léger doute : ces gâteaux sont de cire.

— Très-bien; mais si je vous demandais avec quoi les Abeilles font la cire et comment elles travaillent pour en faire leurs rayons, que répondriez-vous?

L'enfant avoua qu'il savait seulement que les rayons des ruches étaient de cire et qu'il n'avait jamais cherché à en savoir davantage.

— C'est précisément pourquoi, dit l'instituteur, je disais qu'en cela comme en beaucoup d'autres choses, vous croyez savoir. Avant d'aller plus loin, je pense que je dois répondre d'avance à une objection qui se présentera naturellement à vous. Quand je vous aurai bien expliqué tout le travail des Abeilles, vous me demanderez probablement comment on peut connaître toutes ces intéressantes particularités?

— En effet, monsieur, dit un élève, on doit s'exposer à être souvent piqué lorsqu'on veut observer de trop près le ménage des Abeilles, et, à moins de causer avec elles, il doit être difficile de savoir ce qui se passe dans leur intérieur.

§ 7. — On le sait cependant avec assez de précision. Un savant naturaliste, Réaumur, dont les observations ont été souvent renouvelées, a eu l'ingénieuse idée de loger des essaims dans des ruches de verre, ce qui a permis de voir leur travail au moins pendant assez de temps pour le bien étudier. Ce sont d'ailleurs des observations pour lesquelles il ne faut pas perdre de temps ; car, comme si la surveillance dont elles sont l'objet les contrariait, les Abeilles logées dans une ruche de verre n'ont rien de plus pressé que de la garnir de cire à l'intérieur pour arrêter les regards des curieux. Néanmoins, vous comprenez que cette opération ne s'improvise pas, et comme, tandis qu'elle s'accomplit, le travail de construction des gâteaux va toujours son train, l'observateur en voit assez pour être certain de constater les faits qu'il désire connaître. Dimanche prochain, je vous ferai assister par la pensée à tous les travaux des Abeilles ; vous savez, dès à présent, que tout ce que j'aurai à vous en dire a été vu réellement par des hommes dignes de foi, et que rien dans tout cela n'appartient au domaine des simples conjectures.

Questionnaire.

Quels sont les insectes les plus utiles à l'homme ? § 1.
Comment peut-on prévenir les piqûres des Abeilles ? § 1.
Quelle est l'origine du mot Abeille ? § 2.
Pourquoi les anciens faisaient-ils plus de cas des Abeilles que n'en font les modernes ? § 2.
A quelle famille d'insectes appartient l'Abeille ? § 3.
Pourquoi y a-t-il dans la ruche une seule reine, quelques mâles, et une multitude d'Abeilles ouvrières ? § 4.
Quels sont les instruments de travail des Abeilles ouvrières ? § 5.
De quoi sont construits les gâteaux des Abeilles ? § 6.
Comment les travaux intérieurs d'une ruche peuvent-ils être observés ? § 7.

DEUXIÈME ENTRETIEN.

LES ABEILLES.

(Suite.)

§ 1. — Nous abordons aujourd'hui, dit l'instituteur à son jeune auditoire le dimanche suivant, la partie la plus intéressante de notre sujet. Nous avons observé et étudié, dans notre dernier entretien, tout ce qu'il nous importait le plus de connaître de la conformation des Abeilles et de leur histoire naturelle ; nous allons faire connaissance avec leurs mœurs, leurs instincts et les détails de leur vie intime, tout en complétant, à mesure que l'occasion s'en présentera, ce que nous savons déjà des particularités de leur organisation.

L'existence de l'Abeille, vous le savez, se résume par un seul mot : le travail.

— Cependant, monsieur, dit un enfant, vous nous avez montré, dimanche dernier, dans votre collection, une femelle ou reine, un mâle, que nous appelons communément faux-bourdon, et une Abeille neutre ou ouvrière; s'il y a des Abeilles ouvrières, il y en a donc aussi qui ne sont pas ouvrières et qui se reposent, tandis que les autres travaillent?

—Votre observation est juste, mon ami; mais, dans une ruche comprenant en moyenne 28,000 insectes, les seuls oisifs sont la reine et les mâles, au nombre d'environ 700, qui ne travaillent pas. Les mâles ne vivent que quelques semaines; on a dit qu'ils étaient tués par les ouvrières, et c'est une opinion généralement accréditée. Pour moi personnellement, dans mes longues observations sur les Abeilles, c'est un fait que je n'ai jamais vérifié; je crois plutôt que les Abeilles mâles sont tout simplement soumises à la loi commune de tous les Hyménoptères sociaux dont elles font partie; dans cette classe, l'existence des mâles est très-peu prolongée. Vous voyez donc bien, mes enfants, que, dans une ruche, le travail, c'est la règle; l'oisiveté, c'est l'exception. Pendant la plus grande partie de la belle saison, soit avant la naissance des mâles, soit après leur mort, la reine seule se repose ; excepté elle, tout le monde travaille.

— Sait-on, monsieur, la raison de cette exception?

§ 2. — Elle est évidente, mon ami. A mesure que les cellules destinées à recevoir les œufs sont terminées, la reine les visite et dépose un œuf dans chacune d'elles. Le savant naturaliste Réaumur a constaté qu'une Abeille femelle, après avoir pondu 28,000 œufs, en avait encore dans le corps plusieurs milliers. Supposons qu'elle fût pourvue, comme les ouvrières, des instruments de travail qui lui manquent, le peu de cire et de miel qu'elle apporterait à la ruche n'y serait pas d'une grande utilité ; mais comme elle ne serait pas là constamment prête à mettre un de ses œufs dans chaque cellule terminée, la saison favorable se passerait, et la ruche ne produirait pas de nouvel essaim ; il est donc fort utile à la ruche que la reine ne sorte pas et qu'elle ne travaille point.

Occupons-nous maintenant du travail des Abeilles. Voici un de leurs gâteaux ou rayons. Remarquez la parfaite régularité des cellules ; chaque cellule a six côtés égaux ; bien que les Abeilles ignorent les lois de la géométrie, l'admirable instinct dont Dieu les a dotées leur a fait adopter, pour les cellules de leurs rayons, la forme qui se prête le mieux à un agencement parfait sans laisser de vides ou intervalles, ce qui n'aurait pas lieu si les loges avaient cinq, sept, ou un plus grand nombre de côtés.

— Comment les Abeilles préparent-elles, je vous prie, la cire dont elles construisent leurs rayons? J'ai souvent cherché à m'en rendre compte sans jamais y réussir.

§ 3. — Vous étiez, mon enfant, précisément dans le même cas que les plus savants naturalistes pendant une longue suite de siècles. C'est seulement à une époque très-peu éloignée de la nôtre qu'on a pu constater les faits que je vais vous expliquer. L'Abeille, après avoir amassé les éléments de la cire en *butinant* (vous savez que c'est l'expression reçue) les absorbe, les élabore dans son corps, et les transforme en lames minces qui se logent entre chacun des anneaux dont son abdomen est composé. Lorsqu'elle arrive à la ruche, ses camarades la débarrassent de ces lames, et elle repart aussitôt pour en chercher d'autres. Les lames de cire, par leur forme et leur souplesse, se prêtent admirablement à tous les usages, comme matériaux de construction.

— Une chose m'étonne, monsieur, dit un élève : je vois dans une ruche bien des choses à faire ; au milieu d'une si grande diversité de travaux, comment ne règne-t-il pas de confusion ?

§ 4. — C'est que, reprit l'instituteur, chaque Abeille a sa besogne assignée, son service réglé, qu'elle connaît et qu'elle accomplit sans trouble, de concert avec ses compagnes. Les abeilles qui vont à la recherche de la cire, et qu'on nomme pour cette raison les *cirières*, ne s'occupent pas d'autre chose ; la récolte du miel, non plus que la construction des rayons, ne les regarde pas ; ainsi des autres. Il est certain qu'elles ont entre elles des moyens de communication qui nous échappent, mais qui leur permettent de s'entendre pour se partager la besogne. Pendant les fortes chaleurs de l'été, par exemple, une partie des Abeilles est occupée à agiter ses ailes pour produire à l'intérieur de la ruche une ventilation sans laquelle la température y deviendrait tellement élevée que les insectes y périraient. On les voit se relayer pour ce service pénible, et il n'est pas douteux que la troupe qui vient relever de faction les Abeilles fatiguées ne sache parfaitement ce qu'elle a à faire. Il est également certain que, quand la température ne rend pas cette ventilation nécessaire, elle n'a pas lieu. On peut aussi reconnaître, en observant avec soin les allées et venues des Abeilles, qu'elles se relayent de même, et dans un ordre régulier, pour vaquer tour à tour aux travaux du dehors et à ceux de l'intérieur. Elles apportent un grand soin dans l'exécution de cette dernière partie de leur besogne ; dès qu'une cellule est achevée, elles la polissent à l'intérieur et en font disparaître toutes les aspérités ; quand l'œuf y a été déposé, elles la ferment en y appliquant un couvercle de cire où une ouverture est ménagée pour distribuer à la jeune larve qui naîtra de l'œuf sa ration journalière.

— Monsieur, dit un élève, comment les Abeilles peuvent-elles suffire à soigner et nourrir tant de milliers de larves, tout en continuant à construire de nouveaux rayons ?

§ 5. — Elles n'ont jamais, mon enfant, une besogne aussi considérable que vous le supposez ; vous allez en comprendre la raison. La femelle, comme je vous l'ai dit, pond successivement. Les larves ne sortent des œufs que vingt jours après la ponte : la larve est un petit ver blanc, dépourvu de pattes, composé de quatorze anneaux, dont le premier forme la tête. Après avoir vécu un certain temps comme larve, l'insecte passe à l'état de nymphe, qui dure sept jours. Pendant ce temps, il est immobile et ne mange pas; autant de besogne de moins. Avant de subir cette métamorphose, la larve s'était filé un cocon de soie d'une finesse excessive, contenu dans sa cellule. Devenue Abeille parfaite, elle commence sa carrière laborieuse par percer ce coton, puis la paroi de cire de sa cellule. A sa sortie, elle se trouve entourée d'Abeilles ouvrières qui l'essuient, la caressent et lui apportent du miel ; réconfortée par ces soins et par un bon repas, la jeune Abeille prend son vol et se met à l'ouvrage à l'heure même.

— Est-ce que les vieilles Abeilles instruisent les jeunes, comme les vieilles fourmis font l'éducation de celles qui viennent de naître? demanda un des enfants.

§ 6. — On ne remarque rien de semblable parmi les Abeilles, mon ami ; tout porte à croire qu'elles apportent en naissant l'instinct admirable qui est une des mille merveilles mystérieuses répandues à profusion par la bonté du Créateur sur ses moindres créatures. Mes propres observations me permettent d'assurer que les Abeilles récemment sorties de leur cellule natale travaillent d'instinct, exactement comme les autres.

Répondant à l'une des questions qui m'ont été adressées tout à l'heure, je vous fais remarquer, mes enfants, que, comme je viens de vous l'expliquer, les Abeilles n'ont jamais qu'un nombre limité de larves à nourrir en même temps, et qu'à mesure que ces larves deviennent des Abeilles, elles secondent les autres dans l'exécution de tous les travaux de la ruche; c'est ainsi que, sans être trop surchargées, elles en viennent facilement à bout.

— Tout cela, monsieur, est vraiment merveilleux chez une pauvre petite mouche qui semble n'avoir que le souffle. Mais, dans tout ce que vous venez de nous expliquer, je vois les Abeilles faire toujours les mêmes choses de la même manière; on m'a souvent raconté à leur sujet des traits d'instinct que je n'ai jamais pu croire. Ainsi, dans plusieurs villages de notre canton, où l'on élève beaucoup d'Abeilles, si quelqu'un vient à mourir dans la maison, jamais on ne manque d'attacher un crêpe aux ruches; on assure que si l'on négligeait de les associer ainsi au deuil de la famille, elles s'en trouveraient offensées, et elles iraient s'établir ailleurs. C'est ce qu'on m'a dit, mais je ne l'ai pas cru.

§ 7. — Et vous avez fort bien fait de ne pas le croire. Il n'y a pas besoin d'exagération, d'ailleurs, pour trouver matière à étonnement. Vous voyez, par exemple, que, dans les rayons posés ici sur la table, il se trouve plusieurs loges plus spacieuses que les autres; en savez-vous la raison?

— Je présume, monsieur, que ce sont des loges dans lesquelles sont nées des reines.

— Précisément; ce sont des cellules royales. Mais pourquoi y a-t-il dans cet autre rayon des cellules semblables qui n'ont pas été achevées?

—Je ne pense pas, monsieur, dit un élève après un moment de silence, que personne de nous soit en état de répondre à cette question.

— Voici, mes enfants, comme la chose est arrivée ceci mérite toute votre attention. La reine d'une de mes ruches était morte de vieillesse ou de maladie; la colonie, découragée, avait presque cessé ses travaux; beaucoup d'Abeilles s'étaient laissées mourir de faim, peut-être de chagrin; car leur attachement pour leur reine est excessif. Cependant, quelques autres s'étaient mises à agrandir quelques cellules et à nourrir abondamment les larves qu'elles contenaient, dans l'espoir qu'il en pourrait naître une reine dont la naissance rendrait au reste de la colonie l'espérance et l'activité. Ayant reconnu le danger que courait cette ruche, je fis rentrer un essaim peu nombreux dans la ruche dont il sortait, et, m'emparant de la reine de cet essaim, qui repartit un peu plus tard avec une autre reine, j'introduisis celle-ci dans la ruche en proie au deuil et au désespoir. Ce fut un spectacle singulièrement attachant pour moi de voir l'accueil fait par la ruche à la nouvelle souveraine; une heure après, le travail était repris, et, comme vous le voyez, les Abeilles ne songèrent plus à agrandir des cellules ordinaires pour les tranformer en cellules royales; la ruche n'en avait plus besoin.

Voilà, mes enfants, pourquoi ces cellules sont restées inachevées. On ne peut méconnaître ici chez les Abeilles quelque chose qui ressemble à de la prévoyance. Celles qui avaient cessé de travailler semblaient se dire : « Pourquoi travailler désormais? Plus de reine pour pondre dans les alvéoles construits par nous avec tant de peine ; plus d'avenir pour la colonie ; laissons-la s'éteindre. » Celles qui avaient commencé à construire des cellules royales s'étaient dit probablement : « Essayons d'avoir une reine ; tout n'est pas perdu. » Puis, voilà une reine qui leur arrive, et chaque ouvrière semble animée d'une nouvelle ardeur au travail. De telles marques d'instinct sont assez dignes d'admiration pour rendre excusables les exagérations auxquelles des faits mal observés peuvent avoir donné lieu.

§ 8. — Il me paraît, monsieur, dit un élève, que les Abeilles, s'il est permis d'employer ce mot à leur égard, poussent très-loin le sentiment respectable de l'amour filial; car la reine est en même temps la mère commune de tous ses sujets.

— Pas toujours, mon enfant; elle n'est le plus souvent que leur sœur, rien de plus.

— Je ne comprends pas bien, monsieur, dit un élève, leur degré de parenté.

— Cependant, rien n'est plus clair. Quand une ruche est trop nombreuse, les jeunes Abeilles sortent toutes ensemble, par un beau temps calme, de dix heures à midi, sous la conduite d'une reine. Celle-ci n'est pas la sœur des émigrantes; c'est bien réellement leur mère; mais elle laisse après elle, pour diriger la ruche primitive, une jeune reine, qui n'est que la sœur de ses sujettes. Si, comme il arrive assez souvent, la récolte du miel et de la cire a été suffisamment abondante et que la saison soit favorable, la vieille ruche peut donner un second et même un troisième essaim, du printemps à l'automne. Chacun de ces essaims part sous la conduite de la reine la plus âgée, laissant le vieil essaim gouverné par une reine nouvellement éclose. Ainsi les Abeilles sont aussi souvent gouvernées par une de leurs sœurs que par leur mère, et leur attachement pour la reine est le même dans les deux cas.

— J'ai souvent pris plaisir, monsieur, dit un enfant, à observer, en me tenant à une distance respectueuse, le manége des Abeilles prêtes à partir. Souvent, mon père m'a chargé de les guetter pour l'avertir du moment de leur départ. Je n'ai jamais compris pourquoi elles ont eu l'impolitesse de me faire faire faction pendant des heures, deux ou trois jours de suite, au lieu de prendre sur-le-champ leur parti; je ne puis pas croire, comme on me l'a dit par plaisanterie, qu'elles s'amusaient à m'impatienter.

§ 9. — Les jeunes essaims, mon enfant, ne partent jamais, si pressés qu'ils soient de s'en aller, à cause de l'encombrement, que quand les Abeilles savent qu'elles laissent dans la ruche une reine pour la diriger et la repeupler. Celles qui vous ont fait attendre leur départ attendaient elles-mêmes la naissance d'une jeune reine, pour prendre leur vol sous la conduite de l'ancienne.

— J'ai admiré plus d'une fois, dit un élève, le courage des gens qui vont, lorsqu'un essaim s'est posé sur une branche d'arbre, le recueillir dans une ruche enduite intérieurement de miel; à ma grande surprise, jamais je n'ai vu les Abeilles les piquer.

— Loin d'en avoir la pensée, mon enfant, elles semblent éprouver une sorte de reconnaissance pour ceux qui leur offrent un domicile convenable; en général elles connaissent les gens de la maison, et elles s'abstiennent de les piquer, à moins toutefois qu'on ne pousse à bout, par des tracasseries, leur patience, qui n'est pas, j'en conviens, la vertu dominante des Abeilles. Mais, nous reprendrons cet entretien dimanche prochain, pour nous occuper des soins si bien mérités par nos amies les Abeilles, et des moyens de recueillir et d'utiliser les produits de leur merveilleuse industrie.

Questionnaire.

Quel est, dans une ruche, le nombre moyen des insectes qui travaillent et de ceux qui ne travaillent pas ? § 1.
Comment s'opère la ponte des œufs de l'Abeille mère ? § 2.
Combien une Abeille mère pond-elle d'œufs, en moyenne ? § 2.
Quelle est la forme géométrique des cellules des gâteaux ou rayons des Abeilles ? § 2.
Comment les Abeilles préparent-elles la cire pour la construction des rayons ? § 3.
De quelle manière les travaux variés de l'intérieur de la ruche s'opèrent-ils sans confusion ? § 4.
Comment les Abeilles peuvent-elles suffire à tous leurs travaux ? § 5.
Les vieilles Abeilles ont-elles à faire l'éducation des jeunes ? § 6.
Pourquoi les rayons contiennent-ils quelques loges plus grandes que les autres ? § 7.
Les Abeilles ont-elles toujours une mère pour reine ? § 8.
Quelle cause oblige les jeunes essaims à se séparer du reste de la ruche ? § 9.

TROISIÈME ENTRETIEN.

LES ABEILLES.

(Suite.)

§ 1. — Mes amis, dit l'instituteur le dimanche suivant à son jeune auditoire, après avoir étudié les Abeilles au point de vue de la curiosité, nous les étudierons, si vous voulez, au point de vue de l'utilité. Remarquez bien que le plaisir que nous avons pris ensemble à nous rendre compte du merveilleux instinct des Abeilles, en nous fournissant l'occasion d'admirer la puissance du Créateur et sa bienfaisance inépuisable envers ses moindres créatures, n'a point été pour nous un plaisir inutile ; mais les notions que j'ai maintenant à vous exposer concernent la meilleure manière de pourvoir à la conservation et au bien-être des Abeilles, de recueillir et d'utiliser les produits de leur travail, en leur laissant leur part légitime. Ces notions ont un caractère d'utilité pratique, qui pourtant ne doit pas vous effrayer. Le dimanche, hors les heures consacrées à honorer Dieu, est fait pour se délasser du travail de la semaine; je tâcherai de faire en sorte que nos conversations sur le *gouvernement* des Abeilles vous instruisent comme des leçons et vous intéressent en vous instruisant, au même degré que nos précédents entretiens. Je me sers à dessein du mot gouvernement; c'est le terme consacré. Dans le Gâtinais et le bas Languedoc, où les Abeilles tiennent une place importante comme branche de l'économie rurale, l'homme chargé d'en prendre soin se nomme gouverneur d'Abeilles; on dit généralement gouverneur des Abeilles : c'est l'expression reçue. Le rucher du jardin de l'école nous offrira précisément toutes les facilités désirables pour vérifier les faits dont j'ai à vous parler.

§ 2. — Lorsqu'on se propose d'établir un rucher, il s'agit d'abord d'en bien choisir l'emplacement. Les hommes d'expérience sont partagés sur la question de savoir s'il vaut mieux donner au rucher une situation ombragée, au sud-ouest ou au sud-est, ou bien l'installer à découvert, en plein midi.

— S'il m'était permis d'avoir une opinion, dit un des plus âgés des élèves, je dirais, monsieur, que je suis pour le plein midi.

— Vous avez sans doute vos raisons pour cela, dit en souriant l'instituteur; pouvez-vous nous en faire part?

— Bien volontiers, monsieur. Ma préférence pour le plein midi est fondée sur une seule raison, qui, je crois, en vaut bien une autre. L'an passé, par votre conseil, mon père a acheté quelques ruches; il les a placées au grand soleil; chaque ruche lui a donné trois essaims qu'il a très-bien vendus, car ils étaient recherchés et chers cette année. D'où je conclus qu'il est profitable de donner au rucher l'exposition du plein midi.

— Et vous avez tort, mon enfant, je suis fâché de vous le dire; vous avez tort, comme tous ceux qui n'envisagent qu'un côté d'une question. Combien votre père avait-il acheté de ruches?

— Il en avait acheté huit, au mois de mars.

— Et combien lui en restait-il en mars de cette année?

— Il ne lui en restait que cinq, monsieur; mais il avait vendu vingt-quatre essaims, ce qui lui avait rapporté une jolie somme d'argent.

§ 3. — Très-bien. Mais supposez que votre père laissât ses Abeilles à la même place, ce qu'il ne fera pas, par parenthèse, il me l'a bien promis; ses ruches épuisées ne lui donneraient peut-être pas un essaim; ce qu'il en obtiendrait de miel et de cire ne vaudrait pas la peine d'être récolté, et s'il voulait repeupler son rucher, où peut-être à la fin de l'automne il ne resterait pas une ruche pleine, il aurait à dépenser presque autant qu'il a reçu en vendant les essaims l'année dernière. Il est vrai que les essaims, quoique peu nombreux, se sont bien vendus; leur cherté était tout accidentelle; c'est une circonstance favorable alors, devenue défavorable à présent que votre père n'a plus d'essaims à vendre et qu'il doit en acheter. D'où je conclus, moi, mes amis, qu'à une exposition méridionale les ruches s'épuisent en donnant coup sur coup trop d'essaims peu nombreux; cela peut fournir un bénéfice passager; mais le rucher, dans cette position, n'a pas d'avenir.

— Ainsi, monsieur, dit un élève, vous êtes pour un emplacement ombragé et pas trop méridional?

— Assurément. Vous voyez que c'est un local dans ces conditions que j'ai donné à notre rucher, et je m'en trouve très-bien.

§ 4. — Il y a, dit un enfant, quelque chose de capricieux et que je ne comprends pas dans le départ des essaims; mes camarades seraient, je crois, aussi curieux que moi d'en savoir un peu plus long sur ce sujet.

— Je vous ferai part bien volontiers de ce que j'en connais. Pour ne pas laisser enjamber une question sur une autre, je dois d'abord vous faire observer qu'à l'état sauvage, les Abeilles se casent de leur mieux, soit dans un creux de rocher, soit dans un arbre creux, toujours à l'ombre, jamais à découvert à l'exposition du soleil; ce seul fait parle hautement en faveur de mon opinion. Quand l'homme soumet par la domestication un animal sauvage, il doit, autant que possible, le placer dans les conditions où, en obéissant à son instinct, cet animal est habitué à se placer naturellement. Nous voici donc fixés sur un point important, savoir qu'un emplacement retiré, ombragé, tranquille, à l'abri des ardeurs d'un soleil brûlant, est celui de tous qui convient le mieux pour établir un rucher. Je reviens à la question que l'un de vous vient de m'adresser : on m'a demandé des éclaircissements sur les causes qui déterminent les Abeilles à essaimer. Il y en a une principale, vous le savez, c'est le trop plein de la ruche, quand, par l'éclosion successive des œufs devenus larves, puis nymphes, puis Abeilles parfaites, elle se trouve trop peuplée.

— Cependant, monsieur, dit un enfant, je vous assure que j'ai vu plusieurs fois des ruches très-pleines, apparemment en très-bon état, et qui pourtant ne donnaient pas d'essaim.

§ 5. — Je vous crois, mon enfant; c'est que, pour une cause quelconque, il ne s'y trouvait pas de jeune reine. Dès qu'une reine veut partir avec son essaim, elle fait entendre un chant particulier, composé de plusieurs notes fort singulières, qui semblent faire sur toute la population de la ruche une profonde impression. D'abord, à ce signal, les Abeilles restent immobiles; puis elles s'élancent en foule au dehors, en tourbillonnant vis-à-vis de la porte jusqu'à ce que la reine se décide à sortir. Si elle tarde, ou qu'elle change de résolution, toutes les abeilles finissent par rentrer et chacune reprend son ouvrage; si la reine prend son parti et qu'elle quitte la ruche pour n'y plus rentrer, tout le monde la suit, il ne reste personne dans la ruche; la jeune colonie va chercher fortune ailleurs.

— S'il en est ainsi, monsieur, dit un enfant, comment

se fait-il que des ruches très-peuplées donnent très-souvent des essaims très-faibles, et que, dès le lendemain, il s'y trouve presque autant d'Abeilles que si elles n'avaient pas donné d'essaim?

§ 6. — Cela tient, mon enfant, à une cause toute naturelle, à laquelle vous n'avez pas réfléchi. Le départ n'ayant pas été, à ce qu'il paraît, annoncé d'avance, les Abeilles parties dès le matin pour vaquer aux travaux du dehors semblent fort étonnées, en revenant au logis, de le trouver abandonné; vous voyez déjà que la reine a emmené seulement celles qui, au moment où elle a donné le signal du départ, étaient chargées des travaux intérieurs de la ruche. Vous comprenez qu'au mois de mai ou de juin, époque où les jeunes essaims prennent leur vol, il y a beaucoup plus à faire au dehors que dans la ruche; les Abeilles qui ont suivi la reine étaient donc, par rapport à l'ensemble de la population de la ruche, une faible minorité. Les abeilles délaissées, ayant toujours en cette saison plusieurs cellules royales dont les nymphes sont près de sortir, n'éprouvent aucun découragement; d'ailleurs, la ruche est pleine de *couvain*, c'est-à-dire d'alvéoles renfermant des œufs et des larves à tous les degrés de développement. Chaque jour il naît des légions de jeunes Abeilles; les pertes causées par le départ du premier essaim sont rapidement réparées. Si les ruches sont trop exposées au soleil, la nouvelle souveraine éprouve bientôt un irrésistible désir de s'en aller à son tour; celle qui lui succède en fait autant, les colonies qui émigrent ainsi devenant à chaque départ de plus en plus faibles. A la fin, les naissances ne compensant plus les absences, la population manque pour les travaux les plus nécessaires, le découragement et la maladie s'en mêlent; la ruche est ruinée sans retour. C'est ainsi que le nombre des ruches placées dans ces conditions décroît avec une effrayante rapidité. Quant aux causes qui déterminent les reines jeunes ou vieilles à s'en aller et les essaims à les suivre, on ne sait rien de positif à cet égard; on voit seulement que cette cause n'est pas toujours l'encombrement de la ruche par excès de population.

Nous allons maintenant nous mettre à la place d'un

homme qui dispose d'un emplacement convenable pour un rucher, et qui veut acheter des essaims pour commencer son établissement. Il lui importe beaucoup de lui donner pour base des essaims jeunes, actifs, pleins de vigueur; si, faute de s'y connaître, il achète des essaims âgés de plus de deux ans, son opération est ruinée d'avance.

§ 7. — Est-ce qu'il est possible, monsieur, de connaître l'âge d'une Abeille à des signes certains?

— Assurément, mon ami. En voici, dans ma collection, une qui a été desséchée au moment où elle venait de naître; vous voyez qu'elle est brune, luisante, comme dorée, bien que la dessiccation lui ait fait perdre de son lustre, et que les bords de ses ailes sont parfaitement entiers. En voici une autre qui avait au moins deux ans quand je l'ai tuée pour la mettre dans ma collection : elle est d'un brun terne et grisâtre; les bords de ses ailes sont déchirés et frangés comme le serait le bord d'un vêtement usé par un long service; la différence est frappante.

— Je le vois bien, monsieur; mais comment voulez-vous qu'au moment d'acheter un essaim, on aille examiner les Mouches une à une pour reconnaître si elles sont jeunes ou vieilles?

— Ce n'est pas non plus ce qu'il faut faire, mon enfant; il suffit de considérer l'aspect général des groupes plus ou moins affairés qui circulent à l'extérieur de la ruche; avec un peu d'habitude, il est presque impossible de s'y tromper. Il importe aussi de se méfier des essaims dont les Abeilles, vues en masse, semblent plus petites que ne le sont habituellement celles de leur espèce; ces Abeilles appartiennent toujours à de vieux essaims.

— Est-ce que les Abeilles, en avançant en âge, vont en rapetissant?

§ 8. — Pas précisément, mon ami; mais voici ce qui a lieu. Les alvéoles construits par les Abeilles avec tant d'art et de soin, ne servent pas à élever une seule génération de larves; la reine pond une seconde et même une troisième fois dans les cellules qui ont déjà servi. Les ouvrières font bien tout leur possible pour les réparer et les restaurer de leur mieux; mais elles ne peuvent enlever ce qu'on nomme *les toiles*, c'est-à-dire le fin tissu de soie dont la nymphe est sortie et que la larve avait filé pour s'y enfermer avant de subir sa dernière transformation. Il en résulte qu'à chaque nouvelle génération élevée dans d'anciennes cellules, les larves se trouvent plus à l'étroit; elles en sortent à l'état d'insectes parfaits, plus petites que leurs devancières, et restent plus petites pendant toute la durée de leur existence. Vous voyez donc, mes enfants, que l'acheteur qui ne s'y connaît même que superficiellement, peut parfaitement ne pas se laisser tromper sur l'âge des Abeilles qu'il achète. Il ne doit pas non plus attacher une trop grande importance au poids des ruches et au nombre d'Abeilles composant les essaims au moment où il en fait l'acquisition; les plus jeunes, composés d'insectes plus vigoureux, même quand ils ne sont que médiocrement nombreux, donnent de meilleurs résultats que les anciens, composés d'individus faibles et épuisés, bien qu'en beaucoup plus grand nombre.

— Monsieur, dit un élève, est-il vrai, comme je l'ai entendu dire souvent, que les marchands d'essaims ont un secret pour faire revenir chez eux les Abeilles qu'ils vous ont vendues?

§ 9. — Il n'y a pas de secret là-dedans, mon ami; les Abeilles, obéissant à leur instinct, sur lequel le marchand d'essaims n'exerce assurément aucune espèce d'influence, retournent même de très-loin au lieu où elles sont nées et se réunissent aux ruches près desquelles elles ont vécu. Il est donc prudent d'acheter à une assez grande distance du lieu qu'on habite les essaims dont on se propose de composer la population première d'un rucher. Une fois que les Abeilles s'y trouveront bien, elles ne songeront plus à s'en aller, et leur postérité contractera pour le lieu de sa naissance cet attachement toujours très-vif qui est un des traits les plus prononcés de l'instinct des Abeilles. Dans notre réunion de dimanche prochain, sachant choisir le local pour un rucher et les essaims pour le peupler, nous pourrons nous occuper, sans digression, des meilleures méthodes à suivre pour le bien gouverner.

Questionnaire.

Comment nomme-t-on ceux qui sont spécialement chargés de soigner les Abeilles? § 1.
A quelle exposition doit être établi le rucher? § 2.
Que devient un rucher établi à l'exposition du plein midi ? § 3.
Quelle position choisissent les Abeilles à l'état sauvage? § 4.
Quelles sont les causes qui déterminent le départ des jeunes essaims? § 4.
Pourquoi y a-t-il des ruches très-pleines et en bon état, qui ne donnent pas d'essaims? § 5.
Pourquoi le départ d'un essaim ne dépeuple-t-il pas sensiblement la ruche qu'il quitte ? § 6.
A quels signes certains peut-on reconnaître l'âge des Abeilles ? § 7.
Pourquoi la taille des Abeilles des ruches anciennes semble-t-elle avoir diminué? § 8.
Pourquoi les essaims achetés retournent-ils d'assez loin à leur point de départ? § 9.
Les marchands d'Abeilles ont-ils un secret pour faire revenir chez eux les essaims qu'ils ont vendus? § 9.

QUATRIÈME ENTRETIEN.

LES ABEILLES.

(Suite)

§ 1. — Mes enfants, dit l'instituteur le dimanche suivant, nous allons, sans préambule, aborder une partie très-intéressante de notre sujet; ceci réclame toute votre attention. Nous avons laissé, dimanche dernier, nos Abeilles bien installées dans un rucher calme et bien abrité; nous avons fait choix de jeunes essaims composés de mouches actives et vigoureuses; nous devons avoir à récolter du miel et de la cire; occupons-nous des meilleurs moyens à employer pour en faire la récolte. Ceci nous fournira l'occasion de considérer, au point de vue de la production du miel et de la cire, quelques-unes des ruches les plus usitées.

— Monsieur, dit un élève, je ne connais que deux ruches en usage dans nos environs : l'une d'une seule pièce, c'est la plus commune, l'autre à deux compartiments séparés par un étranglement; la partie d'en haut, en forme de calotte, s'enlève à volonté. J'ai entendu dire qu'il y en avait d'autres plus compliquées, dans lesquelles on pouvait faire produire aux Abeilles plus de cire et de miel, et un plus grand nombre de jeunes essaims : cela est-il vrai?

— Vous auriez dû, mon ami, ne pas mêler deux questions qui demandent deux réponses distinctes. Commençons par examiner les deux ruches les plus usitées dans notre canton; je répondrai ensuite à votre question quant aux ruches les plus compliquées. La ruche ordinaire, en forme de cloche de terre cuite, revêtue d'un *panier* en torsades de paille de seigle, est simple et assez commode; elle remonte à la plus haute antiquité. Les Abeilles s'y trouvent fort bien, pourvu que l'emplacement du rucher ait été d'ailleurs bien choisi. La ruche en deux parties séparées par un rétrécissement n'a qu'un défaut, celui d'être trop commode pour l'enlèvement du miel.

— Je ne comprends pas, monsieur, dit un enfant, comment une ruche peut être trop commode, sous ce rapport ou sous tout autre.

§ 2. — Rien n'est cependant plus exact : vous allez en juger. Les Abeilles ont pour coutume invariable de déposer toujours leur provision de miel dans la partie de leur demeure la plus éloignée de la porte d'entrée. La raison en est sensible; moyennant cette disposition, tout insecte ou tout animal friand de miel, qui serait tenté d'envahir leur magasin, devrait, avant d'y arriver, traverser toute la ruche; il aurait à lutter contre toute sa population, résolue à défendre vaillamment ses provisions de bouche, fruit de son travail. Aussi les Abeilles suivent-elles le même usage, quelles que soient la forme et la position des ruches. Dans le Midi, on se sert beaucoup, à cet effet, de l'écorce grossière du chêne-liége, qui recouvre le liége fin usité pour fabriquer les bouchons. L'écorce de ce chêne se lève par grandes plaques qui, en se retirant sur elles-mêmes, réunissent leurs bords de manière à former des cylindres creux d'un assez grand diamètre. Ces cylindres sont partagés en portions de 60 à 80 centimètres de longueur. On adapte à chaque bout un rond de liége qui le ferme exactement; celui de devant reçoit une petite porte mobile pour l'entrée et la sortie des Abeilles; c'est une ruche toute faite, très-saine, très-durable, qu'on pose dans une situation horizontale. La provision de miel des Abeilles ainsi logées occupe toujours la partie de l'intérieur du cylindre la plus éloignée de la porte. Dans la ruche d'une seule pièce, tout le miel n'est pas concentré à cette extrémité; dans la ruche étranglée, tout le miel est déposé au delà de la séparation. Or, le plus grand nombre de ceux qui élèvent des Abeilles ne savent pas résister à la tentation; trouvant la totalité du miel de la ruche déposé séparément sur un seul point qui en rend l'enlèvement excessivement facile, ils prennent tout, et, l'hiver, la colonie meurt de faim. Voilà pourquoi, mes enfants, j'ai eu raison de vous dire que la ruche à étranglement était trop commode.

— Monsieur, dit un élève, je vous ai vu plusieurs fois récolter le miel de vos Abeilles; j'ai remarqué que les ruches sont à deux compartiments, séparés par un grillage d'osier; que tout le miel est dans celui d'en haut, et il m'a semblé, s'il m'est permis de le dire, que vous n'y laissiez rien du tout.

§ 3. —Vous avez très-bien vu, mon enfant; tout à l'heure vous comprendrez, par la suite de notre entretien, pourquoi, malgré cela, mes Abeilles ne sont point exposées à souffrir de la famine. Ne nous écartons pas de la question qui nous occupe en ce moment, celle des meilleures ruches, de formes plus ou moins compliquées. Elles portent, en général, le nom de ruches *à compartiments* ou ruches *à hausses*, parce qu'en effet elles sont divisées en cases séparées par des planchettes qui se haussent à volonté. En faisant passer les Abeilles d'un compartiment dans l'autre, à mesure que l'un d'entre eux est rempli de cire et de miel, on obtient successivement, dans le cours de l'été, des quantités très-considérables de ces deux produits. Mais ce travail excessif imposé aux Abeilles dépasse leurs forces; la maladie, qui n'envahit jamais les ruches ordinaires, la dyssenterie, décime les ruches à compartiments; les Abeilles ne peuvent s'y maintenir. C'est ainsi qu'ont été successivement abandonnées, ou conservées seulement par exception, à titre de curiosité, les ruches de MM. Huber, Bosc, Nutt, Warembey, et celles de plusieurs autres inventeurs, bien qu'en effet elles fussent favorables, trop favorables même, à la production exagérée du miel, de la cire et des essaims.

Recherchons actuellement, avant de procéder à l'examen des meilleurs moyens d'opérer la récolte des produits du travail des Abeilles, à quelle époque il convient de faire cette récolte.

— Monsieur, dit un enfant, avant qu'il vînt habiter cette paroisse, mon père, à l'exemple de tous ses voisins, dans celle où nous demeurions, taillait ses ruches vers le mois de février; vous savez qu'on dit *tailler une ruche* pour en récolter les produits : est-ce bien dit, monsieur, je vous prie?

— Très-bien; c'est l'expression admise partout où l'on élève des Abeilles.

— Depuis que nous demeurons ici, mon père ne taille plus ses ruches qu'en été, vers le mois de juin, quelquefois de juillet; je pense que la seconde époque est la meilleure; je désirerais en connaître la raison.

§ 4. — Ceci, mon enfant, exige quelques éclaircissements qui vont, par parenthèse, vous faire voir pourquoi, en prenant tout le miel de mes Abeilles, je ne les expose nullement à mourir de faim. Lorsqu'on taille les ruches en février, comme c'est la coutume dans une partie des communes de notre voisinage, on contrarie sensiblement les Abeilles; elles sont forcées de redoubler de travail pour remplacer au plus vite les alvéoles qu'on vient de leur enlever; car il faut beaucoup de place pour recevoir les œufs que la reine est pressée de pondre; elle en pond quelquefois jusqu'à 200 et même 300 dans une journée. Si les alvéoles lui manquent, elle dépose jusqu'à 3 œufs dans la même cellule; mais comme celle-ci ne peut contenir qu'une seule larve, les ouvrières détruisent tous les œufs, un seul excepté, dans les loges qui en contiennent plusieurs. Je n'ai pas besoin de vous faire remarquer quelle cause de dépopulation pour la ruche résulte d'une récolte faite à un moment si peu opportun, où, dans l'intérêt de l'avenir de la ruche, il faudrait en laisser la population vaquer très-tranquillement à ses premiers travaux de printemps. Il en résulte, en outre, un grave préjudice pour le propriétaire des ruches, qui ne s'en doute même pas.

— En quoi consiste ce dommage, je vous prie?

§ 5. — Dans la qualité inférieure du miel récolté en février. Le miel est, en général, de qualité variable, selon les fleurs sur lesquelles il a été butiné; on ne peut avoir en février que le miel recueilli dans les fleurs de la fin de l'automne, miel moins fin et moins parfumé que celui qui provient de la floraison du printemps et du commencement de l'été; de plus, ce miel fabriqué tardivement a dû plus ou moins se ressentir de sa conservation prolongée dans le voisinage des Abeilles groupées pendant l'hiver autour de leur reine, au centre de leur demeure. Ces insectes, en masse, exhalent une odeur faible, mais peu agréable, qui se communique plus ou moins au miel. Vous voyez qu'en taillant les ruches en février, on a des produits moins abondants et de moins bonne qualité que lorsqu'on exécute cette opération en été.

§ 6. — Avant d'aller plus loin, je demanderai à celui d'entre vous qui m'a fait observer que je prenais tout le miel de mes Abeilles, s'il voit dès à présent pourquoi cela ne les empêche pas d'être fort bien approvisionnées pour passer leur hiver, quand même il devrait être long et rigoureux?

— Je pense, monsieur, répondit l'enfant, que, quand vous faites votre récolte de miel en été, vos Abeilles ont tout le loisir, avant la fin de la belle saison, d'en faire d'autre que vous avez soin de leur laisser.

— Précisément, mon enfant; mes Abeilles et moi, nous nous arrangeons de manière à concilier nos communs intérêts, en vertu du vieux et sage proverbe : Il faut que tout le monde vive.

— Je crois pourtant, monsieur, dit un élève, que, pour tailler vos ruches, il vous faut bien sacrifier un certain nombre d'Abeilles.

§ 7. — C'est ce qui vous trompe, mon enfant. Mes Abeilles, que je me garde bien de tracasser au printemps, donnent leur premier essaim de très-bonne heure en mai. Quelle est alors la situation de la colonie? Je vous ai fait voir qu'après le départ d'un premier essaim, ses pertes sont vite réparées. Quand elles en donnent un second, au moment qui suit le départ, il ne reste personne au logis; les alvéoles contiennent peu de couvain, et il reste aux Abeilles tout l'été devant elles pour refaire leur approvisionnement. C'est ce moment que je saisis pour enlever rapidement ma part, et remettre la ruche en place. S'il part un troisième essaim, ce qui arrive assez souvent, et que la saison ne soit pas trop avancée, je prélève une seconde récolte, sans tuer personne, comme vous le voyez, par l'excellente raison qu'au moment où j'opère cet enlèvement, il n'y a pas d'Abeilles dans mes ruches. Ainsi, je ne récolte que du miel puisé dans les fleurs du printemps; grâce aux fleurs des acacias qui entourent notre église, mon miel a une excellente odeur, analogue à celle de la fleur d'oranger; il doit aussi en partie son parfum à la fleur des tilleuls, assez communs dans nos environs. La cire récoltée en mai et juin est aussi beaucoup meilleure que celle qui a passé l'hiver dans les ruches, et qui n'est enlevée qu'au printemps de l'année suivante. Les avantages de ma méthode, démontrés par l'abondance et la qualité supérieure des produits de mes ruches, ont paru tellement évidents que, sans même que j'en aie donné le conseil, mes voisins ont fait comme moi; ils ont renoncé à l'usage du pays et s'en sont très-bien trouvés. Dans la plupart des départements où l'on élève le plus d'Abeilles, on ne fait la récolte du miel et de la cire qu'en automne, époque de l'année où ces produits sont, sinon les meilleurs, au moins le plus abondants. On suit encore trop souvent l'usage barbare de faire périr les Abeilles dans la fumée, et de sacrifier les essaims pour s'emparer du fruit de leur travail. Les Abeilles qu'on laisse vivre, ne conservant que le peu qu'on veut bien leur abandonner, toujours avec parcimonie, meurent de faim pour peu que l'hiver se prolonge; il eût été moins cruel de les étouffer.

Nous avons donc bien éclairci quelques points essentiels

dans le gouvernement des Abeilles. Les ruches simples sont les meilleures; on peut les faire à deux compartiments, pourvu qu'on soit bien résolu à ne pas priver les esaims de leur part légitime de miel; il ne faut récolter les produits des ruches qu'en été, immédiatement après le départ des essaims. Dimanche prochain, nous nous entretiendrons des moyens de s'emparer des jeunes essaims, de la manière de faire voyager les Abeilles pour leur agrément pendant la belle saison, des soins à prendre pour leur faire convenablement passer l'hiver, et de la meilleure méthode pour la préparation et la conservation du miel et de la cire; car l'un des usages les plus raisonnables que l'homme puisse faire de son intelligence, c'est de l'appliquer à ne rien laisser perdre des dons que lui envoie la bonté du Créateur.

Questionnaire.

Le choix des ruches et leur distribution influent-ils sur la production du miel et de la cire? § 1.

Quels sont les avantages et les défauts de la ruche commune, et de la ruche à deux compartiments? § 2.

Pourquoi la ruche qui donne le plus de facilité pour l'enlèvement du miel n'est-elle pas la plus avantageuse? § 2.

Comment les ruches à hausses favorisent-elles la production de la cire et du miel? § 3.

Quelles sont les ruches à compartiment les plus renommées? § 3.

Pourquoi est-il avantageux de *tailler* les ruches en plein été, plutôt qu'à toute autre époque de l'année? § 4.

Quels sont les inconvénients de la taille des ruches pratiquée au mois de février? § 4.

Pourquoi le miel des ruches taillées en février est-il toujours de qualité médiocre? § 5.

Pourquoi la récolte du miel et de la cire faite en juin ou juillet concilie-t-elle les intérêts des Abeilles et ceux de l'éleveur? § 6.

Est-il nécessaire de sacrifier un certain nombre d'Abeilles pour tailler les ruches? § 7.

CINQUIÈME ENTRETIEN.

LES ABEILLES.

(Suite.)

§ 1. — Lorsque les élèves furent réunis, le dimanche suivant, autour de l'Instituteur, ils lui demandèrent avec un curieux empressement la suite de ses instructions sur les Abeilles.

— J'ai toujours cherché, dit l'un d'entre eux, à me rendre compte des raisons pour lesquelles, lorsqu'un essaim s'éloigne de son point de départ, on le poursuit en frappant sur des poêlons et des chaudrons, et en s'écriant : « A bas, Abeilles! » Assis, mignonnes! Il me semble que ces pauvres insectes ne peuvent pas être bien sensibles aux compliments qu'on leur adresse.

— Cet usage, dit l'instituteur, à part les compliments qui, comme vous le comprenez fort bien, ne font aucun effet sur les Abeilles, est fondé sur la loi, laquelle n'a fait que légaliser un usage antique, parfaitement fondé en raison. D'après cet usage, consacré par la loi, un essaim appartient au propriétaire de la ruche d'où il est sorti, à la condition qu'il aura été suivi depuis son point de départ. S'il était suivi en silence, la poursuite serait assez difficile à constater; la propriété de l'essaim pourrait être revendiquée par le propriétaire du lieu où l'essaim viendrait se poser; car la loi donne l'essaim à celui qui le suit et s'en empare, quand le propriétaire de la ruche, en négligeant de le suivre lui-même, semble y avoir renoncé. Grâce au charivari de casseroles et aux cris mêlés de compliments, il n'y a pas de contestation possible. Considérons actuellement les soins réclamés par les Abeilles, à part ceux que nous avons précédemment reconnus comme indispensables. L'un des plus nécessaires, c'est de tenir toujours de l'eau propre à leur portée pour les désaltérer. L'eau courante est toujours la meilleure, quand il est possible, tout en ayant égard aux conseils que je vous ai développés à ce sujet, de placer le rucher à peu de distance d'une source ou d'un filet d'eau vive.

— Pourquoi, monsieur, dit un enfant, est-on dans l'usage de planter du cresson dans l'eau où viennent habituellement se désaltérer les Abeilles?

§ 2. — C'est, mon ami, pour que les feuilles de cette plante, qui s'élèvent un peu au-dessus de l'eau, presque au niveau de la surface, servent de promontoire aux Abeilles, et que, par ce moyen, elles puissent boire sans risquer de se noyer. C'est encore pour la même raison qu'on étend des brins de paille sur les terrines plates remplies d'eau propre souvent renouvelée, qu'on place près des ruches, à défaut d'eau courante dans le voisinage.

— Je crois me souvenir, monsieur, que, dans notre précédent entretien, vous nous avez parlé des voyages d'agrément qu'on peut faire faire aux Abeilles pendant la belle saison : dans quel but, je vous prie, déplace-t-on les Abeilles?

— Dans le but de les rapprocher des cantons où elles peuvent trouver des plantes en fleurs, lorsqu'il n'y en a plus dans celui où est situé leur domicile habituel : on double ainsi les ressources de leur approvisionnement en miel et en cire. Le transport, même à de grandes distances, s'opère sans difficulté; il suffit de placer les ruches debout, dans une voiture quelconque, où elles ne soient pas exposées à de trop violentes secousses, et de fermer, avec un grillage en toile métallique, le guichet d'entrée de la ruche.

— Les Abeilles, dit un enfant, sont-elles difficiles à conserver en hiver?

§ 3. — Nullement, mon ami, lorsqu'on s'est arrangé pour que les vivres ne manquent pas. Quant au froid, celui des hivers les plus rigoureux du climat de la France centrale ne leur nuit en aucune façon, pourvu qu'on recouvre d'une enveloppe de paille, qui s'enlève au printemps, les ruches placées dans une situation bien abritée.

— La porte des ruches doit-elle rester constamment fermée pendant l'hivernage?

— Non, mon enfant. Les Abeilles redoutent bien plus le défaut d'aération dans la ruche que l'abaissement de la température. Il faut seulement fermer le grillage quand la terre est couverte de neige. S'il survient alors un rayon de soleil, les Abeilles, trompées par la chaleur douce qui pénètre dans la ruche, se hasardent quelquefois à sortir; toutes celles qui ont le malheur de se poser sur la neige meurent de froid.

— J'ai vu quelquefois, dit un élève, vers la fin d'un hiver un peu plus prolongé que de coutume, les voisins de mon père donner à leurs Abeilles je ne sais quel ratafia qui avait très-bonne mine et très-bonne odeur; savez-vous de quoi il se compose?

§ 4. — C'est, dit l'instituteur, un mélange de miel, de vin rouge et de sel. On fait dissoudre 500 grammes de miel et 30 grammes de sel dans un litre de bon vin; puis on laisse évaporer lentement ce mélange sur un feu doux, jusqu'à ce qu'il soit épaissi en consistance de sirop.

— Un enfant fit observer qu'il n'avait jamais vu l'instituteur préparer un tel breuvage pour ses Abeilles.

— Sans doute, mon ami, dit celui-ci; c'est une ressource à l'usage exclusif de ceux qui, par excès d'avidité, ont trop complétement dépouillé leurs essaims. Pour moi qui ai toujours grand soin de laisser à mes Abeilles plus que leur part de miel pour l'hivernage, je n'ai jamais besoin de pourvoir à leur nourriture, même quand l'hiver dure plus que de coutume. Un usage récemment introduit diminue beaucoup la consommation du miel par les Abeilles, en hiver. Les ruches placées les unes près des autres dans un fossé parfaitement sec sont recouvertes de paille, puis de terre, comme un silo à conserver des pommes de terre ou des betteraves. Les Abeilles ainsi enterrées s'engourdissent et ne mangent pas; déterrées au printemps, on assure qu'elles reprennent au soleil et au grand air toute leur activité. Ce procédé me semble encore avoir besoin, avant d'être généralement adopté, de recevoir la sanction du temps qui seul peut en faire découvrir les inconvénients et les avantages.

— Quand les Abeilles sont malades après l'hivernage

dit un élève, n'y a-t-il rien à leur donner pour les rétablir?

§ 5. — Si elles sont atteintes de la dyssenterie, dit l'instituteur, le mal fait en peu de temps de tels ravages parmi les essaims, qu'il n'y a pas de remède efficace à lui opposer. Mais quand elles ont seulement ce qu'on nomme le *mal des antennes*, c'est-à-dire quand le bout des antennes et la partie antérieure de la tête deviennent d'un jaune pâle, on peut arrêter le mal et même le guérir complétement, en faisant boire aux Abeilles un peu de vin vieux placé sous la ruche dans une soucoupe; l'odeur du vin les attire; des brins de paille posés sur le liquide permettent aux Abeilles d'en boire facilement à discrétion, ce qui les remet en peu de jours.

— J'ai vu, monsieur, dit un élève, plusieurs ruches de mon père abandonnées l'an dernier par les Abeilles dès les premiers jours du printemps. Les gâteaux étaient infestés de petits papillons bruns, marqués de noir; on nomme chez nous ces vilaines bêtes des teignes : est-ce leur nom véritable?

§ 6. — Non, mon ami, c'est un insecte lépidoptère qu'on nomme *Gallerie* de la cire, parce qu'il dévore, pour s'en nourrir, la cire des rayons qu'il désorganise complétement, au point de dépeupler les ruches et de les faire déserter par le peu de population qui leur reste. On ne peut guère en délivrer les ruches quand une fois elles en sont envahies; mais on peut, avec des soins assidus, prévenir l'invasion, en faisant une chasse constante aux papillons des Galleries, du mois de mars au mois d'octobre.

— Les Abeilles, dit un enfant, ont-elles encore d'autres ennemis?

§ 7.—Elles en ont beaucoup, malheureusement; le plus redoutable, après la Gallerie de la cire, est le Sphinx, improprement nommé *Papillon tête de mort*. Lorsqu'il entre dans une ruche, l'essaim, en se ruant sur lui, pourrait facilement le tuer; c'est ce qu'il fait pour la plupart des insectes attirés par le désir de se régaler de miel. Quant à ce Sphinx, il paraît que son aspect étrange frappe d'épouvante les Abeilles, qui, loin de l'attaquer, le laissent tranquillement se repaître de leurs provisions. Heureusement le Sphinx tête de mort n'est pas très-commun; la chenille fort grosse, vivant uniquement aux dépens des feuilles de la pomme de terre, est facile à rechercher et à détruire dans les cantons où l'on élève des Abeilles.

Les rats, les souris, les campagnols, ces derniers surtout, exercent de grands ravages dans les ruches quand ils peuvent y pénétrer, ce qui n'a jamais lieu qu'en hiver, quand les Abeilles sont plongées dans l'engourdissement. Le moyen de les écarter est d'ailleurs des plus simples. Il suffit pour cela de donner assez de saillie à la tablette sur laquelle la ruche est placée. Si les petits rongeurs tentent d'y grimper, la structure de leurs pattes ne leur permettant pas de se tenir dans une position complétement renversée, ils ne peuvent franchir le rebord de la tablette, qui doit d'ailleurs être assez élevée au-dessus du sol pour que ces animaux voraces n'y puissent arriver en sautant. Vous voyez, mes enfants, qu'avec des soins assidus, il n'est pas bien difficile de satisfaire à tous les besoins des Abeilles, de les maintenir en santé, d'écarter des ruches leurs ennemis et de prendre sans danger la part légitime qui revient à l'homme sur les produits de l'industrie de ces utiles insectes. Dimanche prochain, j'aurai à vous entretenir du miel et de la cire, de leur conservation, et des meilleurs moyens d'en tirer parti.

Questionnaire.

A quoi tient l'usage général en France de frapper sur des chaudrons au moment du départ d'un essaim ? § 1.

A quoi sert le cresson qu'on plante habituellement dans le lit des ruisseaux voisins d'un rucher ? § 2.

Est-il difficile de conserver les Abeilles pendant l'hiver ? § 3.

Quelle nourriture supplémentaire peut-on offrir aux Abeilles affamées par un hivernage trop prolongé ? § 4.

Quels sont les breuvages propres à rétablir la santé des Abeilles malades ? § 5.

Quel insecte lépidoptère oblige parfois les Abeilles à abandonner leurs ruches ? § 6.

Quels sont les principaux ennemis des Abeilles ? § 7.

Comment peut-on empêcher les petits rongeurs de pénétrer à l'intérieur des ruches ? § 7.

SIXIÈME ENTRETIEN.

LES ABEILLES.

(Suite et fin.)

§ 1. — Il ne nous reste plus, mes enfants, dit l'instituteur, le dimanche suivant, qu'à nous occuper des procédés à suivre pour séparer le miel des rayons, fondre la cire, et lui donner la forme sous laquelle les marchands, qui parcourent tous les ans nos campagnes, sont habitués à l'acheter. Je n'ai, dans tout cela, rien de bien nouveau à vous apprendre; plusieurs d'entre vous ont eu souvent l'obligeance de m'aider dans ces diverses manipulations, qui n'offrent rien de difficile ni d'embarrassant; elles exigent seulement beaucoup de soin et d'attention, pour ne pas détériorer les deux précieux produits du travail des Abeilles. Voyons si quelqu'un de vous est disposé à nous donner quelques explications à ce sujet?

— Pour moi, monsieur, dit un des plus jeunes élèves, j'ai assisté deux ans de suite à vos opérations, et, je l'avoue, je serais fort en peine s'il me fallait, en ce moment, les répéter à moi tout seul, ou simplement vous en rendre un compte satisfaisant.

— Et vous, mon ami, dit l'instituteur, en s'adressant à un élève un peu plus avancé en âge, êtes-vous plus sûr de votre mémoire, et vous rappelez-vous comment le miel se sépare de la cire?

§ 2. — La chose est si simple, dit l'enfant, qu'il ne m'a pas été bien difficile de la retenir. Vous avez d'abord, très-délicatement, avec un couteau très-propre, débouché le dessus des cellules pleines de miel; puis, les rayons ont été posés sens dessus dessous sur un tamis de crin, pour laisser bien égoutter le miel de première qualité. Les rayons ont été ensuite fortement comprimés sous une presse improvisée avec un morceau de planche et une charge suffisante de grosses pierres, ce qui a fait couler le miel de seconde qualité. Ces deux sortes de miel ont été transvasées à part, dans des pots de faïence, puis recouvertes de deux papiers trempés dans l'eau-de-vie, par-dessus lesquels vous avez tendu un parchemin humide; c'est tout ce dont je me souviens.

— Je crois, dit un enfant, que mon camarade doit avoir omis au moins un détail essentiel.

— Et sur quoi, mon ami, fondez-vous cette supposition ?

— Sur ce que je suis sûr d'avoir lu sur les pots renfermant votre provision de miel : 1re, 2e et 3e qualité.

§ 3, — Votre observation est juste. J'ai soin, en effet, de mettre à part ceux des rayons dont la couleur plus foncée indique qu'ils contiennent du couvain, bien qu'il y en ait toujours très-peu, à cause du moment que j'ai choisi pour opérer la récolte des rayons, ainsi que je vous l'ai précédemment expliqué Ces rayons, débouchés et égouttés séparément, donnent le miel de seconde qualité; celui de troisième qualité est fourni par la pression de tous les rayons égouttés.

— J'ai vu souvent, dit un élève, les gâteaux pressés retenant encore une petite quantité de miel, livrés en pâture aux Abeilles, qui se jettent dessus avec avidité et les nettoient promptement de tout ce qui peut y être resté de miel; je ne vous ai pas vu donner ce régal à vos Abeilles; je n'ai jamais pensé à vous en demander la raison.

§ 4. — Il y a, pour cela, mon enfant, une raison morale, si ce terme peut être appliqué aux Abeilles. Lorsqu'on a mis ainsi à leur portée du miel dont elles se sont régalées sans travail, elles perdent pendant un certain temps l'habitude de travailler; de plus, en se disputant le miel offert ainsi à leur gourmandise, elles se battent entre elles, et il en périt toujours un certain nombre; vous voyez qu'il vaut cent fois mieux laisser perdre une quantité de miel tout à fait insignifiante, quand les rayons ont été bien pressés, que de rendre les Abeilles gourmandes, paresseuses et querelleuses; ce sont là trois vilains défauts qu'elles ne contractent pas, à moins qu'on ne leur en fournisse maladroitement l'occasion.

— Vous nous avez expliqué précédemment, monsieur, comment les fleurs butinées par les Abeilles influent sur la qualité de leur miel; il faut pourtant que cette qualité soit encore influencée par quelque autre cause que je ne connais pas; car, j'ai souvent goûté du miel de nos voisins, dont les Abeilles travaillent exactement dans les mêmes conditions que les vôtres; et, toute prévention à part, je l'ai trouvé moins bon que celui des Abeilles des ruches de l'école. J'ajouterai que, lorsque vous m'en avez donné, il ne m'a jamais fait éprouver la plus légère indisposition, tandis que j'ai souvent été incommodé, pour avoir mangé, même en petite quantité, du miel des autres ruches du village; à quoi cela peut-il tenir, je vous prie?

§ 5. — Cela peut tenir à un peu moins de soin apporté dans la récolte du miel, et à la présence du couvain en trop grande quantité dans les rayons pressés. Vous savez combien la piqûre de l'Abeille est douloureuse; c'est surtout parce que l'insecte introduit dans la plaie une gouttelette d'un liquide clair très-caustique, dont son corps contient un réservoir; ce réservoir existe déjà chez l'Abeille à l'état de nymphe. Or, dans les gâteaux qui renferment du couvain, il se trouve des larves à tous les degrés de croissance, et des nymphes prêtes à sortir de leur alvéole; de là, la présence, dans le miel extrait par pression de ces gâteaux, d'une certaine quantité de ce liquide caustique, quantité très-minime, il est vrai, mais cependant suffisante pour réagir sur les tempéraments délicats et causer de légers dérangements de santé, qui sont d'ailleurs, fort heureusement, sans aucune gravité. Je vous dirai, mes amis, à ce propos, qu'en Bretagne et dans le département des Landes, on se sert encore actuellement, pour la récolte du miel, d'un procédé sauvage qui donne au miel de ces deux parties de la France une odeur et une saveur également repoussantes. Pendant le sommeil des Abeilles contenues dans des ruches à un seul compartiment, on jette dans un tonneau tout le contenu des ruches, miel, cire, couvain, mouches, pêle-mêle; le couvercle du tonneau est percé d'un trou, par lequel passe un long bâton terminé par un bloc de bois. En faisant agir ce bâton dans le tonneau, comme le *ribotton* de la baratte à beurre ordinaire, on écrase tout son contenu. Les Abeilles ainsi sacrifiées périsent d'une mort cruelle, pour prix de leurs services; je vous laisse à penser ce que peut être le miel obtenu d'un pareil mélange; le cœur se soulève en y pensant. J'entre dans ces détails, parce qu'il est quelquefois utile de savoir comment il ne faut pas faire. S'il arrive que quelqu'un de vous aille s'établir dans un des pays où l'on traite les Abeilles avec une telle barbarie, j'espère bien qu'il se souviendra de nos entretiens sur les Abeilles, et que, sans égard aux usages du pays, il récoltera le miel d'après la méthode très-simple dont chacun de vous peut apprécier les avantages.

— Monsieur, dit un enfant, après que vous avez pressé les rayons, vous les placez, pour les conserver, dans l'étable de votre vache, vous m'avez dit pourquoi, mais je l'ai oublié.

§ 6. — C'est, dit l'instituteur, pour préserver la cire des atteintes d'un insecte nommé *Gallerie*, qui, si je laissais les rayons en tas dans le grenier, par exemple, viendrait s'y établir, y multiplier avec excès et la détruire en grande partie; jamais cet insecte malfaisant ne pénètre dans les étables; c'est donc le local le plus convenable pour conserver la cire en attendant qu'on puisse la fondre. Si la préparation du miel est des plus simples, celle de la cire est au contraire fort compliquée; la fonte exige de grandes précautions, faute desquelles il est facile de subir de grandes pertes sur ce produit. La fonte de la cire doit toujours être opérée en deux fois; vous avez pu remarquer que je fais toujours fondre la mienne à l'air libre, par un temps calme, au moyen d'un feu doux allumé sous un trépied de fer sur lequel je place le chaudron destiné à cet usage; c'est que, malgré toute l'attention possible, il peut arriver que la cire fondue se boursoufle, sorte du vase, et donne lieu à de graves accidents dont il est toujours plus facile de se préserver lorsqu'on agit en plein air.

— J'ai remarqué aussi, monsieur, dit un élève, que, pour des quantités peu considérables de cire que vous fondez à chaque fois, vous employez un immense chaudron?

§ 7. — En effet, mon ami, je fonds 6 à 7 kil. de gâteaux à la fois; cette quantité de cire tient par elle-même peu de place; mais l'expérience a appris qu'il faut ajouter deux litres d'eau par kilogramme de cire brute, et ne jeter la cire dans cette eau qu'au moment où elle est près d'entrer en ébullition. Si le chaudron n'était pas beaucoup plus grand qu'il ne faut pour contenir le liquide, dès qu'il commence à se soulever, il passerait par-dessus les bords, il *s'enfuirait*, selon l'expression vulgaire, et il ne resterait pas de place pour y verser de l'eau froide, seul moyen de calmer son soulèvement. Dès que la cire est bien fondue, il ne faut pas prolonger l'ébullition, ce qui rendrait la cire sèche et cassante, et lui ôterait une partie de sa valeur. On se hâte, pendant qu'elle est bien chaude, de la passer au travers d'un sac de grosse toile claire. Il s'en faut encore de beaucoup qu'elle soit parfaitement pure, et néanmoins elle a perdu dans cette première fonte environ la moitié de son poids; aussi reste-t-il des résidus très-abondants qui n'ont presque pas de valeur; mes voisins vendent les leurs de 20 à 30 centimes le kilogramme aux marchands qui les revendent aux fabricants de toiles communes; ceux-ci les utilisent pour l'*apprêt* des toiles. Moi, je trouve plus avantageux de les broyer et d'en engraisser les plates-bandes de mon jardin.

— Pourquoi, monsieur, avez-vous toujours, quand vous fondez la cire, deux trépieds portant chacun un chaudron sur le feu ?

§ 8. — C'est, mon enfant, parce qu'il me faut de l'eau aussi chaude que possible pour recevoir ma cire au moment où je la coule. Elle se réunit à la surface de l'eau et finit par s'y consolider; il faut que le refroidissement soit très-lent, pour que la cire de première fonte ait une bonne consistance; il ne doit pas durer moins de douze heures. Dès que tous les rayons pressés ont subi cette première opération, je les soumets à la deuxième fonte, en procédant exactement comme la première fois; mais alors je dois agiter continuellement avec une grande spatule de bois le mélange d'eau bouillante et de cire, pour qu'il ne s'échauffe pas trop en touchant aux parois du chaudron, ce qui pourrait détériorer sensiblement la cire; je guette avec encore plus d'attention qu'à la première fonte le moment d'y verser de l'eau froide, de retirer le mélange du feu et de le couler bouillant. Je place les seaux pleins d'eau chaude qui ont reçu la cire de deuxième fonte, dans un local chauffé, afin que le refroidissement soit aussi lent que possible; il ne doit pas durer moins de vingt-quatre heures.

— J'ai souvent vu avec surprise, dit un enfant, la différence énorme de volume entre les rayons pressés et les pains de cire, résultat définitif de la dernière fonte.

§ 9. — En effet, mon ami; les pains de cire jaune de 8 à 12 kilogr., tels qu'on les coule pour se conformer aux usages du commerce, sont fort peu volumineux lorsqu'on les compare à la masse de rayons pressés qu'il a fallu fondre pour les obtenir. On calcule qu'en moyenne 1,000 kil. de rayons encore pleins de miel ne donnent pas plus de 100 kilogr. de cire brute, dont le poids se réduit à 60 kilogr., après la première fonte, et à 50 environ après la seconde. Les rayons des vieux essaims donnent toujours un peu moins de cire que ceux des essaims plus jeunes; par une sorte de compensation, les rayons dont on extrait les miels les plus communs, ceux de Bretagne et des landes de Gascogne, par exemple, sont ceux qui fournissent la plus belle cire.

Ici, mes enfants, se termine ce que j'avais à vous dire sur nos amies les Abeilles; en suivant mes instructions de point en point, vous trouverez plus tard dans l'entretien d'un rucher plaisir et profit; je ne vous ai rien dit autre chose que ce que je mets moi-même en pratique pour gouverner mes ruches; vous pouvez apprécier le résultat. Quand vous élèverez les Abeilles pour votre compte, souvenez-vous de nos entretiens; rappelez-vous surtout un dernier précepte que je vous donne à l'égard des Abeilles, et qui s'applique à tous les animaux soumis à l'homme par la bonté du Créateur: pour en tirer, dans votre propre intérêt, la plus forte somme possible d'utilité, il faut les traiter avec douceur, pourvoir amplement à leurs besoins, les aimer, car il en est des animaux comme des hommes, pour les bien élever on doit les aimer; il faut, en un mot, savoir profiter avec intelligence du bien-être que leur admirable industrie peut si facilement nous procurer.

Questionnaire.

Quels sont les soins à prendre pour la récolte du miel et de la cire ? § 1.
Comment doit-on ouvrir les rayons des Abeilles, pour en faire écouler le miel ? § 2.
Pourquoi le miel de certains rayons n'est-il que de 3me qualité ? § 3.
Que faut-il faire pour empêcher les Abeilles de devenir gourmandes, paresseuses et querelleuses ? § 4.
Pourquoi le miel donne-t-il quelquefois la diarrhée ? § 5.
Comment opère-t-on la récolte du miel dans les Landes ? § 5.
Pourquoi les rayons dont on a tiré le miel doivent-ils être conservés dans une étable en attendant la fonte ? § 6.
Quelles précautions faut-il prendre pour fondre et purifier la cire ? § 7.
Combien de temps doit durer le refroidissement de la cire fondue ? § 8.
Quelle est la différence de volume entre la cire avant et après la fonte ? § 9.

CHAPITRE II.

SEPTIÈME ENTRETIEN.

LES VERS A SOIE.

§ 1. — Mes enfants, dit l'instituteur à ses élèves un dimanche de la fin du mois de mai, c'est avec un véritable plaisir, l'année dernière, que je vous ai expliqué dans une série d'entretiens les particularités pleines d'intérêt qui concernent les mœurs des Abeilles et les produits de leur merveilleuse industrie. Je me propose, cette année, de causer avec vous, pendant les heures de loisir de chaque dimanche, sur un autre insecte non moins utile que l'Abeille, le Ver à soie.

—Mais, monsieur, dit un enfant, on ne fait pas de soie dans ce pays ; ce n'est pas l'usage ; on dit même qu'on ne pourra jamais en faire.

—Il est vrai, mon ami, dit l'instituteur, que l'introduction dans notre commune de la production de la soie sera une nouveauté; votre observation est le reflet des doutes que vous avez entendu bien des gens exprimer sur le succès de l'industrie de la soie, capable, j'espère vous en convaincre, de répandre autour de vous l'aisance et la prospérité. Autant je vous engagerai toujours à vous tenir en garde contre les innovations hasardeuses et qui, si je puis m'exprimer ainsi, n'ont pas encore fait leurs preuves, autant je crois de mon devoir de vous rappeler une vérité que j'ai eu précédemment occasion de signaler à votre attention : il n'y a rien d'ancien qui n'ait commencé par être nouveau.

—Ainsi, monsieur, vous êtes persuadé qu'on peut faire de la soie dans ce pays, et vous espérez nous le prouver?

—Je ferai mieux, mes amis; j'en ferai, ou, pour mieux dire, nous en ferons ensemble une petite quantité ; vous verrez d'abord que ce n'est pas bien difficile ; puis, vous connaîtrez comme moi-même ce qu'il faut dépenser de temps, d'argent et de peine pour élever des Vers à soie ; les bénéfices de l'opération seront aussi clairs pour vous que pour moi ; quand les cocons de vos Vers à soie seront vendus, vous en saurez le prix.

§ 2.—Regardez dans cette petite boîte de carton dont le couvercle est de verre ; ce qu'elle contient est de la *graine de Vers à soie ;* c'est le nom vulgaire qu'on donne aux œufs de cet insecte. Voici dans cette autre boîte des papillons gris pâle ou plutôt d'un blanc sale : ce sont des spécimens de ceux qui ont produit les œufs que vous voyez. La même boîte renferme des cocons, les uns blancs, les autres d'un jaune nankin ; l'ouverture que vous pouvez remarquer à l'un des bouts de chacun de ces cocons a été pratiquée par le papillon du Ver à soie pour se déprisonner, car il naît dans une chrysalide renfermée à l'intérieur du cocon, et il doit, non sans peine, percer le cocon pour en sortir, ainsi que nous aurons plus tard l'occasion d'en être témoins.

Avant de vous faire assister à toutes les phases du développement du Ver à soie, depuis l'éclosion des œufs jusqu'à la récolte des cocons, il est indispensable que je vous dise quelques mots du mûrier; c'est, vous devez tous l'avoir entendu dire, le seul arbre aux dépens duquel puisse vivre le Ver à soie; ce Ver, que nous continuerons à désigner sous ce nom consacré par l'usage, est, à proprement parler, la *chenille du mûrier;* vous savez que chaque chenille vit sur une ou plusieurs espèces de végétaux, qu'elle ne peut manger autre chose, et que, là où les végétaux qui lui conviennent n'existent pas, elle ne peut subsister.

—Est-ce que le Ver à soie ne peut réellement pas manger autre chose que de la feuille de mûrier?

§ 3.—Il peut se nourrir, au moins pendant la première moitié de son existence, de la feuille d'un assez grand nombre de végétaux très-différents les uns des autres, parmi lesquels figurent l'orme, le scorsonère, l'épine-vinette, la ronce sauvage et la laitue. Mais, d'une part, aucun de ces aliments ne peut suffire au Ver à soie jusqu'à la fin de son existence; de l'autre, lorsque, après avoir mangé pendant un certain temps, sans répugnance apparente, des feuilles autres que celles du mûrier, on le remet au régime de cette feuille, la seule qui soit réellement bien appropriée à sa nature, il suit régulièrement les phases de sa vie de chenille; mais arrivé à sa dernière période, il ne fait pas de cocon.

—Alors, dit un élève, je vois que, depuis son premier jusqu'à son dernier jour, la nourriture du Ver à soie ne peut se fonder que sur la feuille de mûrier sans mélange d'autres aliments.

§ 4.—Pas précisément, mon enfant; il y a à cette règle générale une exception. Un grand arbuste de l'Amérique du nord, le *Maclura* ou mûrier des Osages, prend ses feuilles au printemps un peu plus tôt que le mûrier; sa feuille peut être mangée par les jeunes Vers à soie jusqu'à la fin du premier tiers environ de leur existence, sans compromettre la récolte de la soie, pourvu qu'ensuite on donne aux Vers de bonnes feuilles de mûrier.

— La feuille du *Maclura*, dit un élève, revient-elle à meilleur marché que la feuille de mûrier?

—Elle revient plus cher, mon enfant, bien que le Maclura soit actuellement assez commun en Piémont, en

Lombardie et dans les pays de l'Europe où l'on fait le plus de soie.

—Alors, monsieur, pourquoi, je vous prie, à moins que ce ne soit par curiosité, changerait-on le régime ordinaire qui convient si bien au Ver à soie?

§ 5. — Tout simplement, mon ami, pour l'empêcher de mourir de faim. Les Italiens nomment le mûrier *l'arbre à la feuille dor*, à cause des richesses qu'il leur procure ; les jardiniers disent en France *le sage mûrier*, par ce que, sous notre climat, il prend ses feuilles très-tard, et n'est jamais atteint par les gelées tardives du printemps. Il n'en est pas de même dans les belles plaines de l'Italie septentrionale : là, le mûrier prend ses feuilles de bonne heure, et quelquefois un coup de vent glacial, passant par-dessus les Alpes, détruit sa feuille naissante ; si, en attendant qu'il en ait produit de nouvelles, il n'y a rien à distribuer aux Vers à soie qu'on a fait éclore imprudemment, sans tenir compte des probabilités de semblables revers qui ne surviennent pas tous les ans, les Vers à soie meurent de faim. On manque le plus souvent d'œufs en quantité suffisante pour une nouvelle éclosion quand la feuille du mûrier est repoussée, et la récolte de la soie est perdue. C'est alors qu'on est heureux de disposer d'une certaine quantité de feuilles de *Maclura*, feuille qui supporte sans geler une température d'un ou deux degrés au dessous de zéro. Vous comprenez qu'en pareil cas, bien que la feuille du *Maclura* coûte plus cher que la feuille du mûrier, il est avantageux d'en nourrir les jeunes Vers à soie jusqu'à ce que les muriers se soient couverts d'un nouveau feuillage. Voilà pourquoi, dans le nord de l'Italie, on trouve des *Maclura* parmi les grandes plantations de mûriers ; leur feuille ne sert pas tous les ans, mais lorsqu'elle devient nécessaire, elle sauve l'un des produits les plus précieux de l'agriculture du midi de l'Europe.

§ 6. — Occupons-nous maintenant du mûrier ; il n'en manque pas dans nos environs ; le comice agricole de notre arrondissement, désirant rendre possible l'éducation du Ver à soie dans nos campagnes, a distribué des graines et de jeunes plants de mûrier à beaucoup de propriétaires ;

les arbres ont grandi sur la lisière des champs cultivés, le long des chemins, au bord des ravins et des fossés, et dans beaucoup de terrains de qualité médiocre qui ne servaient à rien précédemment. Il y a bien, dans nos villages, des incrédules qui n'admettent pas que ce qui ne s'est jamais fait puisse se faire avec avantage, et qui haussent les épaules en voyant planter des mûriers, persuadés qu'ils ne serviront jamais à rien ; il faut les laisser dire et étendre les plantations de mûrier partout où cet arbre peut croître sans déranger d'autres cultures. Quand on nous verra produire de belle soie et la bien vendre, tout le monde pensera comme nous que ceux qui ont planté des mûriers ont bien fait. Quant à vous, mes enfants, la production de la soie vous intéresse directement. Le travail de l'éducation des Vers à soie est un de ceux qu'à votre âge on peut exécuter sans excès de fatigue. Ceux d'entre vous qui vont, sous ma direction, se mettre au fait de cette besogne, seront recherchés, et, je n'en doute pas, très-convenablement rétribués par les premiers qui désireront, à notre exemple, faire de la soie; une fois qu'ils auront essayé et réussi, ils continueront ; ce sera une source de bénéfices très-légitimes pour les femmes et les enfants de tout le pays ; car on aura pour récolter la feuille des mûriers, la préparer et soigner les Vers à soie, un besoin indispensable de leur concours.

§ 7.—Voici de la graine de mûrier, elle a été récoltée sur des arbres dont on avait eu soin, pour cette fois seulement, de ne pas cueillir la feuille. C'est de la graine de mûrier à fruit blanc, nommé par abréviation *mûrier blanc*, le meilleur pour la nourriture des Vers à soie. On sème cette graine au printemps, dans des rigoles très-peu profondes, tracées parallèlement sur une plate-bande de jardin. Le plant à la première année est éclairci, repiqué à $0^m,10$ en tout sens et greffé à l'âge de deux ans. On forme aux jeunes mûriers une tête bien établie sur quatre branches égales à la hauteur d'environ 2^m au-dessus du sol, ce qui facilite la récolte de la feuille. Ceux qui sont destinés à être plantés en bordure le long d'un chemin public doivent avoir $2^m,50$ à 3 mètres de hauteur avant la naissance des branches, afin de ne pas gêner la circulation. C'est dans ces conditions que sont établis et plantés les mûriers déjà fort, qui croissent dans notre canton et dont on commence à utiliser la feuille.

—Il me semble, dit un élève, qu'en ôtant au mûrier toute sa feuille chaque année, on doit lui faire beaucoup de tort, et abréger la durée de son existence?

§ 8. — Moins que vous ne le pensez, mon enfant, reprit l'instituteur; de même que la plupart des végétaux utiles à l'homme, le mûrier est doué d'un tempérament robuste; plus il vieillit, plus sa feuille possède de propriétés nourrissantes, plus la soie des Vers nourris de cette feuille est belle et solide. Dans les terres les mieux appropriées à sa croissance, le mûrier peut vivre près d'un siècle. On ne doit pas le planter trop fort; lorsqu'il a plus de 5 à 6 ans de pépinière, il reprend difficilement et végète péniblement après sa plantation à demeure. Il ne faut commencer à dépouiller les jeunes mûriers de leurs feuilles que 4 à 5 ans après leur mise en place, et s'imposer ensuite la loi de leur donner tous les 5 ans une année de repos, c'est-à-dire de s'abstenir de les dépouiller au bout de chaque période de 5 ans.

—Monsieur, il y a dans quelques jardins de nos environs des mûriers dont le fruit noir est excellent lorsqu'il est bien mûr, est-ce que leur feuille n'est pas bonne pour la nourriture des Vers à soie?

§ 9.—Elle est tout aussi bonne, mon ami, mais elle est moins abondante que celle du mûrier blanc, parce que le mûrier noir forme naturellement peu de rameaux, et qu'une partie de la force de sa végétation est employée à produire du fruit et non des feuilles. Le mûrier dont on obtient beaucoup de feuilles et peu de fruits (lequel, d'ailleurs, est insipide et n'est pas mangeable), est donc avec juste raison préféré au mûrier noir pour l'éducation des Vers à soie. Vous avez pu remarquer, mes enfants, avec quelle régularité se forme la tête des jeunes mûriers récemment plantés: quelqu'un de vous a-t-il fait attention à la méthode suivie pour obtenir ce résultat qui rend la feuille plus abondante et plus facile à cueillir?

—J'ai bien vu, dit un élève, tailler les mûriers au printemps, mais je n'y ai pas fait grande attention.

§ 10.—On les forme, dit l'instituteur, moins par la taille que par l'ébourgeonnement. Longtemps avant de se développer en nouvelles pousses, les bourgeons du mûrier sont très-apparents sur le léger renflement qui a servi de support à la feuille tombée l'année précédente. En supprimant avant leur développement les yeux inutiles et ne conservant que ceux qui doivent croître en rameaux dans la direction désirée, on façonne les jeunes mûriers avec la plus grande facilité; plus tard, la taille n'est nécessaire que pour supprimer les branches mortes ou malades, et dégager la tête de l'arbre des petits rameaux intérieurs dont la feuille est toujours de qualité médiocre.

—Il y a dans le jardin, dit un enfant, trois ou quatre mûriers en buisson, à très-petites feuilles; l'un de nos voisins a fait avec des mûriers semblables une haie vive pour fermer un côté de son jardin; c'est sans doute un mûrier d'une espèce particulière.

§ 11.—Non, mon enfant, ces buissons et cette haie sont tout simplement des mûriers blancs ordinaires, de semis, qu'on s'est abstenu de greffer. En les plantant tout près les uns des autres, on les a forcés à rester nains; en cet état on les nomme *pourrette*. La feuille de pourrette est la meilleure pour les vers pendant leur première jeunesse, lorsqu'ils sont encore fort petits et qu'il ne leur faut pas beaucoup de nourriture. D'ici à dimanche prochain, j'aurai fait éclore les œufs des Vers à soie; vous verrez comment se pratique l'éclosion artificielle, opération des plus curieuses, et qui vous intéressera, j'en suis sûr; nous donnerons des soins assidus et intelligents à nos nouveau-nés, et, avec l'aide de Dieu, nous en obtiendrons de belle et bonne soie que nous pourrons montrer à ceux qui prétendent qu'on ne fera jamais de soie dans notre canton, parce qu'on n'en a jamais fait: il y a commencement à tout.

Questionnaire.

L'industrie de la soie peut-elle réussir, avec des soins intelligents, dans les parties de la France où elle n'est pas encore introduite? § 1.

Comment nomme-t-on vulgairement les œufs des Vers à soie? § 2.

Le Ver à soie ne peut-il pas manger autre chose que la feuille du mûrier? § 3.
Quelle est l'utilité de la feuille du *Maclura* pour l'éducation des Vers à soie? § 4.
Pourquoi est-on quelquefois forcé de changer le régime des Vers à soie? § 5.
Quel genre de ressource offre la culture du mûrier aux femmes et aux enfants des campagnes? § 6.
Sous quelle forme doivent être conduits les mûriers, pour faciliter la récolte de la feuille? § 7.
Les mûriers souffrent-ils beaucoup de l'enlèvement de leurs feuilles? § 8.
La feuille du mûrier à fruit noir peut-elle nourrir le Ver à soie? § 9.
Comment les mûriers doivent-ils être conduits par la taille et l'ébourgeonnement? § 10.
Quel est le genre de mûrier qu'on nomme *Pourrette*, et à quoi est-il employé dans l'éducation des Vers à soie? § 11.

HUITIÈME ENTRETIEN.

LES VERS A SOIE.

(Suite.)

§ 1. — Il faut, mes amis, dit l'instituteur, le dimanche suivant, que je revienne sur ce qui s'est passé depuis huit jours, pour vous tenir bien au courant de tous les détails de notre éducation de Vers à soie, dont je ne veux pas laisser passer une seule particularité sans vous la signaler; car il ne s'agit pas seulement pour nous de satisfaire notre curiosité en prenant connaissance de tous les phénomènes qui accompagnent la production de la soie; chacun de vous doit se mettre en état d'en produire lui-même, ou d'aider avec intelligence les producteurs. Montons dans la chambre du premier étage que j'ai disposée pour nous tenir lieu de magnanerie; là, nous continuerons à appliquer la méthode qui nous a si bien réussi, depuis que nous nous occupons ensemble de l'étude des insectes; nous verrons les faits s'accomplir sous nos yeux; vous m'interrogerez chaque fois que quelque chose vous paraîtra exiger une explication, et ce sera de moi à m'arranger de manière que tout ce qu'il vous importe de savoir sur les Vers à soie se grave aisément dans vos jeunes mémoires.

— Qu'il fait chaud ici ! dit un élève en entrant dans la magnanerie.

— Il y fera encore plus chaud dans quelques jours, dit l'instituteur. Mais procédons avec ordre, et tenez note, je vous prie, de ce qui vous semblera le plus digne de votre attention. Voici d'abord les œufs ou, comme on dit vulgairement, *la graine* de Vers à soie. Je m'en suis procuré 30 grammes, quantité en rapport avec la quantité de feuilles que j'aurai à ma disposition.

— Sait-on positivement, monsieur, dit un élève, quelle quantité de feuilles doivent consommer les Vers nés d'une quantité donnée de graine?

§ 2. — Oui, mon ami; la proportion ordinaire est de 600 kilogr. de feuilles de mûrier pour la consommation des Vers provenant de 30 grammes d'œufs. Cette proportion serait de près de moitié trop faible si chaque œuf devait produire un Ver et si chaque Ver devait donner un cocon ; il y a le chapitre des accidents, qui tient malheureusement, comme vous le verrez, une bien large place dans les éducations de Vers à soie. Moi, je ne fais éclore que 30 grammes d'œufs, et je disposerai bien de 1,000 kilogr. de bonnes feuilles ; je suis, par conséquent, bien assuré de ne pas manquer de nourriture pour mes Vers qui, à la fin de leur éducation, auront un rude appétit. Quand vous en serez à élever vous-mêmes des Vers à soie, c'est le principe que je vous conseille d'adopter. On peut toujous espérer, avec des soins assidus, plus de succès, c'est-à-dire un plus grand nombre de bons cocons, toute proportion gardée, dans les petites éducations que dans les grandes ; la plus triste des déceptions, c'est de voir, au moment où les cocons vont être filés, les Vers languir et dépérir, parce qu'on manque de feuilles à leur distribuer en proportion de leurs besoins.

— Est-ce que vous pensez réellement, monsieur, que plusieurs d'entre nous en viendront à élever pour leur compte des Vers à soie d'une manière profitable ?

§ 3. — Assurément, mon enfant. Songez donc qu'en France les neuf dixièmes de la soie, qui constitue l'un des produits les plus importants de l'agriculture dans nos départements du Midi, se fait chez de petits cultivateurs, dont chacun opère en moyenne dans les proportions sur lesquelles nous allons opérer. Une petite éducation de 20 à 30 grammes de graine doit être effectivement à la portée du plus grand nombre d'entre vous.

Tandis que la graine, sous l'influence d'une température régulière, dont nous parlerons tout à l'heure, se dispose à nous donner une population nombreuse, à laquelle tous nos soins seront nécessaires, je vais d'abord vous faire faire connaissance avec tout le matériel de la magnanerie. Cette pièce ne devant servir pour cette destination que pendant six semaines par an, j'ai dû prendre mes mesures pour que, l'éducation achevée, on puisse faire servir à tout autre usage le local affecté à la magnanerie. Les dressoirs qui garnissent sur 4 rangs le tour de la pièce ne tiennent aux murs que par des tasseaux faciles à enlever et à replacer au besoin ; j'ai eu soin de laisser entre chaque étage 0m,50 d'intervalle ; cet espacement n'est pas de trop pour assurer la libre circulation et le renouvellement de l'air, condition hors de laquelle il n'y a pas de succès à espérer pour l'éducation des Vers à soie. Au centre de la pièce, de légers montants en bois sont, comme vous le voyez, fixés au plancher d'une part et au plafond de l'autre, assez solidement pour supporter quatre rangs de tablettes à la même hauteur que les dressoirs du tour de la chambre, assez légèrement pour que je puisse les enlever quand notre éducation sera terminée, sans trop dégrader la chambre, afin de la rendre à sa destination habituelle. Des traverses horizontales clouées aux montants sont le point d'appui des tablettes sur lesquelles seront distribués les Vers dont nous attendons l'éclosion.

— Je crois, monsieur, que ce qui va faire fonction de tablettes dans la magnanerie improvisée nous a déjà servi à autre chose ; ce sont, si je ne me trompe, les claies sur lesquelles nous avons fait sécher au four des pruneaux et des poires tapées.

§ 4.—C'est la vérité, mon enfant. On peut faire servir pour cet usage des objets qui, comme nos claies, ont été fabriqués pour un autre service. Dans le Midi, on nomme les tablettes des *canisses*, parce que, le plus souvent, ce sont des claies faites avec des roseaux fendus, de l'espèce connue sous le nom de *canne de Provence*.

— Est-ce que cette petite pincée d'œufs qui tiendrait dans le creux de ma main, dit un enfant, va nous donner des Vers pour couvrir toutes ces tablettes?

— Si je ne comptais pas un peu sur les décès prématurés, dit l'instituteur, la surface de nos tablettes serait trop petite, bien qu'elle vous semble immense par rapport au volume des œufs; le grossissement rapide des Vers, quand une éducation marche bien, est un des faits les plus étonnants et aussi les plus satisfaisants pour l'éleveur. Souvent, si les morts par accidents ou maladies sont peu nombreuses, au moment où les Vers ont pris toute leur grosseur, l'espace manque chez les cultivateurs du Midi pour loger cette richesse inespérée; on ne s'en plaint pas, au contraire; on déménage gaiement pour aller coucher les uns dans la grange, les autres dans l'étable ou dans le grenier à foin, et l'on convertit les chambres à coucher en magnaneries supplémentaires. Vous voyez qu'à la rigueur j'aurais pu donner plus de largeur à l'espace occupé par les claies du milieu de la magnanerie; mais, comme il importe que rien ne gêne le service actif que nous allons avoir à faire autour des Vers, j'ai ménagé à droite et à gauche un passage d'un mètre. Voici les papiers dont nous couvrirons les claies avant d'y placer les Vers et les feuilles de mûrier dont ils doivent se nourrir.

— Pourquoi, monsieur, une partie de ces feuilles de papier est-elle entière, tandis que l'autre est percée de trous ronds, de grandeurs différentes?

§ 5.—Ces feuilles percées, qu'on nomme *papier-filet*, sont une des plus importantes améliorations apportées de nos jours dans l'éducation des Vers à soie. Quand les Vers ont mangé toute la feuille qu'on leur a distribuée et qu'il n'en reste que les côtes, mêlées à leurs déjections, on ne doit pas, comme vous le verrez, répandre la nouvelle feuille par-dessus la *litière* provenant de la consommation du repas précédent; il faut *déliter* les Vers, c'est-à-dire les déplacer, pour les mettre sur de nouvelles tablettes avec la feuille fraîche, et avoir le temps d'enlever la litière dont le contact serait fatal aux Vers. Longtemps le *délitement* s'est opéré à la main, c'est-à-dire qu'on prenait les Vers à poignée pour les mettre sur des tablettes portatives et les déplacer, opération pendant laquelle plusieurs de ces chenilles si délicates et si précieuses étaient blessées ou même écrasées. Aujourd'hui, l'on se borne à poser doucement sur les Vers occupés à finir de consommer un repas de feuilles, une des feuilles percées que voici. Sur cette feuille de papier on étend la feuille de mûrier du repas suivant. En un instant, les Vers quittent d'eux-mêmes la litière, passent sur les trous de la feuille de papier percée, et s'installent sur la feuille fraîche de mûrier, sans qu'il soit nécessaire d'en toucher un seul. Rien n'est alors plus facile que d'enlever la feuille de *papier-filet* avec tout ce qu'elle contient, et de la déplacer sans risquer de blesser les Vers à soie.

— Et cette petite lame en demi-cercle, avec une poignée à chaque bout, à quoi sert-elle, je vous prie?

6. — Elle sert à hacher la feuille de *pourrette* ou mûrier non greffé, que nous donnerons à nos Vers aussitôt après leur naissance; si nous commettions l'imprudence de la leur offrir entière, les plus robustes seuls auraient la force de l'entamer; les autres mourraient de faim, ou bien ils s'épuiseraient en efforts qui les rendraient languissants pour le reste de leur existence, de sorte qu'ils ne nous donneraient en fin de compte que de mauvais cocons. Je n'ai pas d'explications à vous donner sur l'usage des corbeilles pour distribuer la feuille, des tablettes mobiles avec une tige à poignée en forme de T pour le déplacement des Vers, et des marchepieds, à l'aide desquels nous ferons le service des étages supérieurs de tablettes lorsqu'elles seront peuplées; un coup d'œil sur cette partie du matériel suffit pour en faire comprendre l'usage.

— Est-ce là, monsieur, dit un élève, tout ce qui sert à l'éducation des Vers à soie?

— Oui, mon enfant, c'est tout dans les petites éducations, les seules dont nous ayons à nous occuper. Ceux d'entre vous qui, plus tard, pourront être employés dans de grandes magnaneries, y verront en outre des *ventilateurs*, espèces de moulins à ailes tournantes dans une ouverture ménagée à la partie supérieure du bâtiment, qui établissent un fort tirage afin de chasser le mauvais air; ils y verront aussi de grands *coupe-feuilles*, analogues aux *hache-paille* employés dans les grandes fermes, et dont le mécanisme vous est connu. Ces objets sont inutiles pour les petites éducations.

Maintenant que nous avons une connaissance suffisante du matériel, revenons à notre graine de Ver à soie, espoir de notre modeste entreprise.

— Il me semble, monsieur, dit un élève, que vous avez déjà pris et que vous allez prendre encore beaucoup de peine pour faire éclore les œufs de Ver à soie; est-ce que, comme les œufs des autres chenilles, ceux-ci ne produiraient pas naturellement leurs chenilles, sans qu'il soit nécessaire de nous en mêler?

— C'est assurément ce qui aurait lieu, mon enfant, et il ne tiendrait qu'à nous d'attendre l'*éclosion naturelle* de notre graine de Ver à soie; la chaleur de la saison ne manquerait pas de les faire naître un jour ou l'autre; mais je préfère l'*éclosion artificielle*.

— Alors, monsieur, pourquoi prendre la peine de faire les frais d'une éclosion artificielle dans une chambre où l'on étouffe?

§ 7. — Il y a pour agir ainsi, mes amis, d'excellentes raisons que je vais vous faire connaître. Par l'éclosion naturelle, les Vers naissent les uns après les autres; il en naît pendant huit à dix jours au moins; par l'éclosion artificielle, il en naît pendant quatre jours seulement; nous en verrons sortir quelques-uns le premier jour, la grande masse le second et le troisième jour, et quelques retardataires le quatrième.

— Est-il donc si important que tous les Vers soient à peu près du même âge, dit un enfant?

— Cela importe tellement, mon enfant, que si un

magnanier pouvait trouver un procédé certain pour faire naître tous les Vers en même temps, sa fortune serait faite. Vous verrez, dans la suite des soins que nous allons donner à nos Vers, que ces insectes ont besoin d'un régime et d'une température qui varient à mesure qu'ils sont plus avancés vers l'époque où ils fileront leur cocon. S'il est déjà difficile et embarrassant de satisfaire aux exigences des Vers lorsqu'ils sont tous à peu près du même âge, que faire pour traiter convenablement des Vers de dix âges différents, tels qu'ils résulteraient de l'éclosion naturelle? On ne pourrait pas en élever la dixième partie : il faudrait y renoncer. Vous voyez que le travail et l'argent avancés pour amener une bonne éclosion artificielle ne sont nullement perdus; loin de là : tout le succès ultérieur de l'éducation en dépend. J'ai donc dû prendre et j'ai pris, en effet, toutes mes mesures pour empêcher les Vers de naître quand je n'en aurais su que faire, n'ayant encore rien à leur donner à manger; il m'a suffi pour cela de mettre dans un lieu frais, sans être humide, le petit flacon renfermant la graine de Vers à soie, en attendant le moment de m'occuper de l'éclosion artificielle. Comme cette opération ne demande pas moins de quatorze jours, on doit la mettre en train dès qu'on voit les bourgeons du *sage* mûrier s'allonger et montrer une pointe verte; leur développement marchera parallèlement au travail de formation des Vers dans les œufs, et la feuille sera disponible au moment où l'on en aura besoin. C'est la seule règle à suivre à cet égard; il n'y a pas de date fixe à assigner pour le commencement de l'éclosion artificielle; on commence plus tôt ou plus tard, selon l'état plus ou moins avancé de la végétation du mûrier. J'ai débuté par étaler les œufs sur une feuille de papier, en couche très-mince; j'ai déposé cette feuille dans ma chambre, sur une table; les œufs y sont restés pendant quatre jours, sans autre précaution que celle d'empêcher qu'ils ne puissent recevoir directement le contact des rayons du soleil. Au bout de ce temps, j'ai apporté les œufs dans cette pièce où tout était disposé pour les bien recevoir; à l'aide d'un feu modéré allumé dans la cheminée, j'ai amené et maintenu la température générale de la chambre entre 18 et 20 degrés centigrades; le thermomètre marque en ce moment, comme vous le voyez, non pas 20 degrés, mais 25. J'ai obtenu cette température progressivement, en l'augmentant d'un degré par jour pendant cinq jours; je dois la maintenir le plus également possible à ce degré jusqu'au moment de l'éclosion des Vers, en alimentant jour et nuit le feu de la cheminée.

— Jour et nuit, dit un enfant ! et dormir?

§ 8. — Vous pensez bien, mes amis, que tant que va durer notre éducation de Vers à soie, je dormirai peu; ma femme et moi, nous nous relevons tour à tour pour veiller au feu de la magnanerie; tout va bien, et avec l'aide de Dieu, un surcroît de travail passager ne compromettra nullement notre santé. On n'a rien sans peine; c'est celle de toutes les dépenses qu'on doit le moins ménager, quand on veut mériter de réussir en toute chose. L'éclosion commencera du huitième au dixième jour après l'entrée de la graine dans la magnanerie, ou, comme je vous l'ai dit, environ quatorze jours après que j'ai commencé à m'en occuper, en les exposant à l'air libre dans ma chambre. J'aurai soin de vous rendre témoins de la naissance des Vers; dès qu'ils seront éclos, nous ne pourrons plus les perdre de vue un seul instant.

— Pourquoi, monsieur, dit un élève, le plancher de cette chambre est-il humide comme s'il venait d'être arrosé?

§ 9. — C'est, dit l'instituteur, parce qu'une chaleur humide est nécessaire au développement du Ver dans l'œuf; elle attendrit la coque et doit plus tard faciliter la sortie de la jeune chenille.

— Il me semble, dit un enfant, que les œufs auraient bien plus chaud, si la table sur laquelle ils sont posés était moins loin de la cheminée.

— C'est vrai; mais, s'ils étaient trop près du feu, ils seraient exposés à avoir trop chaud, surtout aux instants où il est nécessaire de ranimer la flamme du foyer; ils sont, à l'extrémité de la chambre, soumis à une température plus égale, dont nous pouvons attendre un meilleur résultat. C'est par l'observation rigoureuse de toutes ces précautions de détail qu'on rend les Vers robustes et bien conformés dès leur naissance, et par cela seul moins exposés à contracter les maladies qui les déciment trop souvent; c'est précisément parce qu'il est presque impossible de s'y astreindre lorsqu'on opère en grand, que l'on obtient toujours des résultats plus complets des petites éducations que des grandes. D'ici à quelques jours, il y aura ici, Dieu aidant, nombreuse compagnie : ce sera le moment de ne pas trop dormir.

Questionnaire.

Comment nomme-t-on dans les magnaneries les œufs des Vers à soie ? § 1.
Quelle quantité de feuilles consomment les vers produits par un poids déterminé d'œufs, ou graines de Ver à soie ? § 2.
De quoi se compose le matériel d'une magnanerie pour une petite éducation ? § 3.
Les Vers éclos de 30 grammes d'œufs ont-ils besoin d'un grand espace sur les tablettes de la magnanerie ? § 4.
Quelle est l'utilité des papiers percés nommés papier filet, pour l'éducation des Vers à soie ? § 5.
Pourquoi doit-on hacher la feuille destinée aux jeunes Vers à soie ? § 6.
Pourquoi fait-on naître les Vers à soie par éclosion artificielle ? § 7.
En combien de jours l'éclosion artificielle est-elle complète ? § 8.
Pourquoi est-il nécessaire d'arroser le local où se fait l'éclosion artificielle ? § 9.

NEUVIÈME ENTRETIEN

LES VERS A SOIE.

(Suite.)

§ 1. — L'intérêt que prenaient les élèves à la marche de l'éducation des Vers à soie allait croissant à mesure que l'époque de l'éclosion approchait. Le douzième jour, c'est-à-dire le huitième à dater du jour où les œufs avaient commencé à être soumis à l'action de la chaleur artificielle, ils changèrent de couleur et prirent une nuance d'un gris plus clair, circonstance que les élèves ne manquèrent pas de remarquer.

— Attention, dit l'instituteur; ceci nous annonce que nous allons avoir des naissances demain, entre dix heures et midi. Remarquez bien, mes enfants que si vous êtes tous de bonne volonté, comme je n'en doute pas, pour me seconder activement, en vous relayant par détachements, vous verrez et vous ferez, sans interrompre vos études courantes, tout ce qu'il faut voir et faire pour bien élever des Vers à soie : c'est bien moins difficile que vous ne le croyez.

Le lendemain, en effet, dans la matinée, les prévisions de l'instituteur se réalisèrent; il y eut des naissances en petit nombre; les nouveau-nés grimpèrent d'eux-mêmes sur des branches de pourrette garnies de feuilles nouvelles, qui leur furent présentées à travers un papier percé.

— Faut-il leur préparer un repas de feuilles hachées, monsieur? dit l'élève désigné comme chef du détachement de service dans la magnanerie

§ 2. — Non, mon ami, dit l'instituteur. J'en suis fâché pour eux, mais ces Vers doivent être sacrifiés; étant toujours en avant sur le gros de la troupe, ils ne seraient pour la marche de notre opération qu'une entrave, sans grande chance de profit : enlevez ces branches de pourrette chargées de vers, et jetez-les dans la cour.

— Ils ont l'air si vivaces et si bien portants, dit l'élève, tout en se disposant à obéir ; c'est bien dommage de les jeter!

— Je le pense ainsi que vous, dit l'instituteur; il y aurait bien un moyen de leur sauver la vie.

— Et lequel, monsieur, s'il vous plaît?

— J'ai plus de feuilles qu'il ne m'en faut pour élever les vers de 30 grammes d'œufs; je ne sacrifie les premiers nés que parce que les autres ne pourraient les suivre; si vous voulez, distribuez-vous entre vous ces pauvres abandonnés; je vous alimenterai de feuilles, selon les besoins de vos Vers à soie; les Vers retardataires, qui ne suivraient pas la masse, et dont, par conséquent, je ne veux pas dans la magnanerie, seront l'objet d'une seconde distribution ; de cette manière, chacun de vous aura une toute petite famille de Vers à soie à élever. Tous ne viendront pas à bien ; car il ne vous sera pas possible de leur donner chez vous exactement les mêmes soins qu'ici ; mais la saison est favorable ; vous obtiendrez assurément chacun plusieurs bons cocons ; cela contribuera à vous familiariser avec les soins à donner aux vers à soie ; le temps que vous donnerez à les soigner ne sera pas du temps perdu ; vous avez tous des sœurs ou des mères qui, d'après vos indications, vous remplaceront aisément autour de vos Vers lorsque vous serez de service à la magnanerie, et il n'y aura pas un seul Ver de détruit Qu'en dites-vous ?

Tous les élèves acceptèrent la proposition avec reconnaissance, et chacun emporta sa part de Vers avec la petite quantité de feuille de pourrette nécessaire pour les nourrir.

Dès le matin du quatorzième jour, où, d'après les prévisions de l'instituteur, devaient naître le plus grand nombre des Vers à soie, les élèves voulurent tous entrer dans l magnanerie pour assister à l'éclosion.

§ 3. — Vous n'y entrerez, dit l'instituteur, que les uns après les autres, par pelotons, mais non pas tous à la fois. Depuis l'instant de leur naissance jusqu'à celui où ils s'enferment dans leur cocon, les Vers à soie ont, avant tout, besoin de respirer un air aussi pur qu'il est possible de le leur procurer ; la présence d'un trop grand nombre de personnes dans un local qui a tout juste les dimensions nécessaires, pourrait nuire sensiblement à la santé des jeunes Vers et influer en mal sur le résultat que nous en attendons.

Vers neuf heures et demie, les Vers commencèrent à sortir en foule de leurs coques et à s'installer sur les petites branches de pourrette mises à leur disposition, en passant à travers les trous de la feuille de papier percé dont les œufs prêts à donner naissance aux Vers à soie avaient été recouverts. Bientôt les branches furent littéralement noires de jeunes Vers à soie ; c'était plaisir de voir tout ce petit peuple s'agiter en cherchant à satisfaire son premier appétit.

— Comment ferons-nous, dit un élève, pour enlever ces branches de pourrette? On ne saurait y toucher sans écraser plusieurs de nos Vers à soie, et ce serait vraiment dommage.

§ 4. — Aussi nous garderons-nous bien de les prendre avec les doigts. Nous allons d'abord étendre de la feuille de pourrette finement hachée sur une feuille de papier plein; nous en formerons deux larges lignes au centre desquelles nous déposerons délicatement les branches de pourrette chargées de jeunes Vers. Voici deux brins de fil de fer terminés en crochet; il est facile, moyennant un peu d'adresse, d'enlever l'une après l'autre toutes les branches avec ces crochets, sans froisser un seul Ver à soie. Une fois sur le papier, les Vers sauront très-bien descendre de dessus ces feuilles qu'ils auraient peine à entamer, et se répandre sur les feuilles hachées qu'ils attaqueront par la coupure et dont ils ne laisseront que les plus grosses côtes.

Comme il est fort important que nos Vers traversent tous ensemble les diverses phases de leur existence le plus également possible, et qu'il en naîtra encore demain un grand nombre sur lesquels ceux de ce matin auront nécessairement une journée d'avance, voici ce que nous allons faire. Nous placerons ces premiers venus à l'extrémité de la magnanerie la plus éloignée du foyer, et nous les nourrirons sobrement; ils n'auront pas beaucoup à en souffrir; le retard qui en résultera dans leur développement ultérieur compensera jusqu'à un certain point la différence d'âge entre eux et ceux dont nous attendons pour demain l'éclosion.

— Il m'est impossible, dit un élève, en mesurant de l'œil l'étendue de toutes ces tablettes, de me figurer que, quand même toute notre graine viendrait à éclore, ces petites chenilles, dont chacune représente un fil de soie d'un brun noir, parviendront à occuper toutes ces claies; leur grossissement est donc bien rapide?

§ 5. — On calcule, dit l'instituteur, que le Ver à soie parvenu à tout son volume, au moment où il va commencer à filer son cocon, est en moyenne mille fois plus gros qu'il ne l'était au sortir de l'œuf. Après demain, quand l'éclosion sera terminée, notre colonie de vers à soie n'occupera pas plus de 50 centimètres carrés de surface : c'est ce que doivent couvrir les vers nés de 30 grammes de graine, quand l'éclosion se fait, comme la nôtre, dans de bonnes conditions. En ce moment, nos Vers commencent leur *premier âge*, c'est-à-dire la période au bout de laquelle vous les verrez subir leur première *mue*, en changeant de peau pour la première fois. Déjà, à la fin du premier âge, il leur faudra une surface de 1 mètre 20 centimètres carrés; ils suivront à peu près d'âge en âge la même progression, de sorte que quand ils auront toute leur grosseur, à la fin du cinquième âge, ils couvriront une surface de 23 mètres carrés environ; c'est d'après cette base que j'ai calculé l'étendue de nos claies; elles ont en tout 30 mètres carrés; il vaut mieux avoir un peu trop de place pour mettre les Vers plus à l'aise, que d'être forcé de les entasser les uns sur les autres, faute de place disponible.

Le jour suivant, presque tous les Vers à soie naquirent bien portants, comme l'indiquaient leur agilité et l'activité avec laquelle ils consommaient leur ration de feuilles hachées. Le surlendemain, il ne restait plus à naître qu'un petit nombre de retardataires que l'instituteur partagea entre ceux des élèves qui n'avaient pu avoir part à la première distribution.

§ 6.—Il me semble, dit un élève, que tous les œufs n'ont pas donné chacun leur Ver à soie?

— Il en reste environ un dixième, dit l'instituteur; c'est la proportion ordinaire, quand la graine est de bonne qualité. Les œufs qui n'ont pas donné de vers n'avaient pas été suffisamment fécondés avant la ponte, ou bien, depuis le moment de la ponte jusqu'à celui de l'éclosion, ils s'étaient plus ou moins détériorés par diverses causes accidentelles.

— Combien les 30 grammes de graine que nous venons de faire éclore contenaient-ils d'œufs?

— Environ 30,000, mon enfant, de sorte qu'en déduisant le dixième qui n'a pas produit de Vers, nos 30,000 œufs nous ont donné environ 27,000 Vers bien constitués, comme vous le voyez.

— Ainsi, dit un élève, nous aurions à espérer 27,000 cocons ?

— Non pas, certes, dit l'instituteur ; si nous en obtenons de 22 à 25,000 pesant de 45 à 50 kilogrammes, ce sera un magnifique résultat, auquel nous ne parviendrons qu'à force de soins et de vigilance ; encore faudra-t-il pour cela que notre petite magnanerie ne soit pas trop sévèrement visitée par la *muscardine*, le *gras*, la *jaunisse* et les autres maladies des Vers à soie, dont je n'aurai probablement que trop d'occasions de vous faire étudier les symptômes, et contre lesquelles on ne connaît que peu ou point de remèdes efficaces. Dans les magnaneries du Midi, l'éleveur se tient pour satisfait quand de 30 grammes de bonne graine il obtient 42 kilogrammes de cocons ; pour nous, qui pouvons donner tous nos soins à une éducation conduite selon les meilleurs principes, avec d'excellente feuille et sans ménager notre peine, il nous est permis d'ambitionner un rendement un peu plus élevé. Jusqu'à ce moment, tout marche à souhait. Nos Vers nés les premiers, ayant eu un peu moins de chaleur et de nourriture que les derniers venus, les voilà tous au même degré de développement, comme si tous étaient nés le même jour et à la même heure : c'est déjà un résultat de très-bon augure. Ranimez le feu ; il ne faut pas que, pendant les trois premiers jours qui suivent la naissance des Vers, notre thermomètre descende au-dessous de 25 degrés.

§ 7. — Nous allons maintenant procéder au premier *délitement* de nos Vers à soie ; il est nécessaire de les laisser le moins longtemps possible en contact avec les débris des feuilles de mûrier mêlés au résultat de leur digestion. Nous poserons des rameaux de pourrette, de distance en distance, sur nos jeunes vers ; ils ne manqueront pas de monter dessus, ce qui nous permettra de les déplacer facilement.

Quand le déplacement fut complet et que les rameaux de pourrette eurent été enlevés avec les Vers pour être reportés sur des claies où ils reçurent une nouvelle ration de feuilles, les élèves voulurent débarrasser immédiatement les claies vides de la litière que les Vers y avaient laissée.

— N'allons pas si vite, dit l'instituteur ; avant de remuer cette litière, dont l'odeur est malsaine pour nos Vers à soie, donnons de l'air en ouvrant les ventilateurs. Je vous ai dit, mes amis, qu'on établissait des ventilateurs mécaniques pour le renouvellement de l'air dans les grandes magnaneries; ici nous n'en avons pas besoin; le feu clair que nous aurons soin de ne pas laisser languir établit déjà par la cheminée un bon tirage; de plus, j'ai ménagé dans le plancher d'une part, et dans le plafond de l'autre, deux petites ouvertures que je ferme à volonté avec une planche à coulisse; elles sont garnies, en outre, d'un grillage pour empêcher qu'elles ne livrent passage aux rats et aux souris qui commettraient ici d'affreux dégâts s'ils parvenaient à s'y introduire. Lorsque, comme en ce moment, l'enlèvement de la litière répand dans la magnanerie un peu de mauvaise odeur, il nous suffit d'ouvrir les deux ventilateurs à la fois pour rendre à l'air toute sa pureté.

— Je vous assure, monsieur, dit un élève, que l'odeur de la litière est bien faible; c'est à peine si je m'en aperçois; comment pourrait-elle incommoder les Vers à soie?

— Ces chenilles, mon enfant, respirent, comme toutes les chenilles, par des ouvertures latérales ou *trachées*, placées des deux côtés du corps. S'ils vivaient en liberté, sur des mûriers en plein air, comme cela se pratique dans quelques parties de la Chine, jamais les Vers à soie ne seraient incommodés par leurs déjections; mais sur les tablettes d'une magnanerie, ces déjections touchent précisément à leurs trachées respiratoires; c'est ce qui nous oblige à déliter très-souvent, et à veiller constamment au renouvellement de l'air dans la magnanerie.

§ 8. — C'est maintenant, mes amis, qu'il faut donner un bon coup de collier; nos jeunes Vers ont besoin de huit repas par jour, le premier à cinq heures du matin, le dernier à minuit. Heureusement nous sommes assez nombreux pour que chacun de nous puisse alternativement faire son service et prendre un peu de repos. Je ne puis trop vous recommander de distribuer la feuille le plus également possible sur les tablettes, pour que tout notre petit monde reçoive équitablement chacun sa part. Vous remarquerez leur tendance à ne pas changer de place, tant qu'on pourvoit à leurs besoins. Si, sur une de nos claies, un coin était oublié dans la distribution de la feuille hachée, les Vers négligés jeûneraient assez longtemps plutôt que de se déplacer pour aller partager le dîner de leurs camarades; l'égalité de développement que nous avons tant d'intérêt à maintenir se trouverait ainsi compromise; vous le voyez, le moindre détail négligé peut avoir les conséquences les plus graves pour le résultat définitif. Ainsi, j'ai eu soin de ne faire couper la feuille qu'au moment de chaque distribution, la feuille coupée d'avance serait moins profitable aux jeunes vers; je vous ai fait exactement peser la feuille à distribuer chaque jour; nos Vers en ont consommé le premier jour 600 grammes; le second 900; le troisième 1 kil. 200 grammes. Demain finira leur premier âge; aux approches de leur première mue leur appétit diminuera sensiblement; ils n'auront pas besoin de recevoir plus de 800 grammes de feuilles; nous aurons soin de diminuer les distributions à mesure que les Vers à soie mangeront avec moins d'activité.

Vers l'après-midi du quatrième jour, les vers commencèrent à cesser de manger presque tous en même temps.

— Voyez donc, monsieur, dit un élève, comme nos Vers restent en place, la tête levée? Est-ce qu'ils vont demeurer longtemps immobiles dans cette singulière position.

§ 9. — Non, mon ami, tous s'éveilleront demain matin de leur premier sommeil; on nomme sommeil des Vers à soie cette période d'immobilité qui accompagne chaque mue pendant laquelle les Vers changent de peau. Ils portent en naissant quatre enveloppes l'une sur l'autre, qui peuvent être comparées à quatre costumes complets: à mesure que les Vers à soie grossissent, chacun de ces costumes, devenu trop étroit, se fend, se détache et tombe; celui de dessous prend sa place jusqu'à ce qu'il devienne trop petit et qu'il tombe à son tour, à la fin de chaque âge. Il faut toujours que les Vers, immédiatement après chaque mue, aient été soigneusement délités, afin qu'ils s'endorment sur une litière mince, aussi propre que possible.

Pendant qu'ils dorment, nous allons cueillir et éplucher

les feuilles dont ils auront besoin à leur réveil, afin de n'avoir plus qu'à les hacher pour la première distribution. J'ai à vous remercier, mes enfants, du courage et de l'activité que vous avez déjà déployés en me secondant. Je tiens à honneur de faire de chacun de vous un habile magnanier; ce sera un des plus utiles services qu'il m'aura été donné de vous rendre pendant le temps que vous aurez passé sous ma direction.

Questionnaire.

Au bout de quel temps naissent les premiers Vers à soie par l'éclosion artificielle? § 1.

Pourquoi les Vers éclos les premiers doivent-ils être sacrifiés? § 2.

Pourquoi la présence d'un trop grand nombre de personnes dans la magnanerie nuit-elle aux jeunes Vers à soie? § 3.

Comment peut-on enlever sans les blesser les Vers nouvellement éclos, pour les porter sur les claies? § 4.

Quel est le grossissement du Ver à soie de sa naissance jusqu'à ce qu'il commence à filer? § 5.

Combien de Vers à soie donnent les œufs contenes dans 30 grammes, et combien de cocons peut-on en espérer? § 6.

Qu'est-ce que le débitement des Vers à soie, et comment se fait cette opération? § 7.

Combien de repas doivent recevoir par jour les jeunes Vers à soie? § 8.

Qu'entend-on par le sommeil des Vers à soie? § 9.

DIXIÈME ENTRETIEN.

LES VERS A SOIE.

(Suite.)

§ 1. — Les élèves guettaient avec impatience le moment où les Vers à soie sortiraient de leur premier sommeil, après avoir fait peau neuve en laissant dans la litière leur vêtement primitif. Tout était préparé d'avance pour le moment de leur réveil; chacun se tenait à son poste; la feuille de pourrette, épluchée et hachée un peu moins finement que pour lesrepas du premier âge, était prête pour la première distribution.

— Vous pouvez remarquer, mes amis, dit l'instituteur, quel point nos Vers à soie sont changés. D'abord, ils ont perdu la teinte lustrée qu'ils avaient en naissant et qu'ils ont conservée jusqu'au moment de s'endormir; ensuite leur tête a considérablement grossi. En voici quelques-uns qui commencent à remuer la tête; tous vont bientôt s'éveiller; le réveil ne sera pas simultané, tant s'en faut; mais vous allez voir comment on doit s'y prendre pour arriver à cette égalité de développement vers laquelle doivent tendre tous nos efforts.

— Ma foi, monsieur, dit un élève, je pense que nous n'aurons pas grand'peine à prendre pour cela; toutes les têtes s'agitent; toute la bande semble bien réveillée; faut-il leur servir à déjeuner?

§ 2. — Gardez-vous-en bien, mon enfant; il faut laisser s'écouler au moins deux heures avant d'offrir aux Vers à soie le premier repas du second âge. En ne regardant que l'ensemble, il vous paraît que tous remuent la tête; le nombre assez considérable cependant de ceux qui sont encore endormis échappe à votre attention. Si, en ce moment, nous donnions à manger à la majorité éveillée, elle prendrait pour tout le reste de l'éducation une avance d'un ou même de deux jours sur les retardataires, avance que ces derniers ne pourraient jamais regagner, et qui nous causerait de graves embarras.

— Mais, monsieur, dit un élève, ne ferons-nous pas de tort à ces Vers qui se montrent disposés à bien manger, en les laissant ainsi souffrir de la faim?

— Ils n'en souffrent pas sensiblement, mon ami, le retard que nous mettons à leur donner à manger n'a d'autre effet que de laisser aux dormeurs obstinés le temps de se réveiller à leur tour pour déjeuner avec les autres; vous verrez tout à l'heure qu'il y en a bien plus que vous ne croyez. Tandis que nous en avons le loisir, récapitulons la conduite de ces Vers pendant leur premier âge.

§ 3 — Je ne crois pas, dit un élève, qu'il y ait rien à leur reprocher; ils se sont comportés aussi bien que nous pouvions le désirer; ils ont consommé depuis leur naissance 2 kilogr. 135 grammes de feuilles de pourrette et se sont régulièrement endormis au bout de quatre jours, ce qui, d'après ce que vous nous aviez expliqué d'avance, est bien la durée moyenne de cette première période de leur existence. Il est vrai que, jusqu'ici, la température extérieure nous a été des plus favorables; pas un jour de pluie! Jamais nous n'avons été obligés de faire sécher la feuille, et rien ne nous a été plus facile que de maintenir le thermomètre à 25 degrés, tout en renouvelant sans cesse l'atmosphère de la magnanerie.

— A l'ouvrage, dit l'instituteur au bout de deux heures, en consultant sa montre; occupons-nous avant tout du délitement.

Les papiers-filets portant un premier repas de feuilles, ayant été posés délicatement sur les Vers, ceux-ci abandonnèrent en un instant la litière sur laquelle ils venaient de changer de peau; les papiers chargés de feuilles et de vers furent aussitôt enlevés.

§ 4.— Nous allons, dit l'instituteur, les transporter à l'extrémité de la magnanerie la plus éloignée de la cheminée; là, nous aurons soin de les tenir pendant un jour ou deux à la demi-ration; ils n'en auront que meilleur appétit. Maintenant, vous voyez que la litière contient encore un assez bon nombre de Vers, les uns encore endormis, les autres qui viennent de s'éveiller. Offrons-leur à travers un papier-filet un peu de feuilles fraîches; nous allons bientôt y voir arriver tous ceux d'entre nos Vers qui se sont montrés les plus paresseux.

— Où les placerons-nous, monsieur? dit un élève, quand les Vers en retard eurent pris possession de la feuille nouvelle, et qu'il n'en resta presque plus sur la litière.

— Portez-les, dit l'instituteur, sur la tablette la plus élevée et la plus rapprochée de la cheminée. Vous devez sentir, à mesure que vous atteignez le haut du marchepied, que l'air du sommet de la magnanerie est sensiblement plus chaud que celui du bas. Plus les Vers à soie ont chaud, plus ils sont actifs et voraces; nous avons donc, dans cette particularité de leur tempérament, un moyen certain, d'un emploi sûr et facile, pour *égaliser* nos Vers, et arriver en définitive à leur faire faire, s'il est possible, leurs cocons tous ensemble. Ne ménagez pas la feuille aux Vers en retard; qu'ils mangent à discrétion six fois par jour; tandis que les plus avancés, ayant un peu moins chaud, ne feront que quatre repas, et je vous garantis que, dès ce soir, il ne sera plus possible de distinguer entre les premiers et les derniers aucune différence.

— Monsieur, dit l'élève chargé du soin d'emporter la litière pour la jeter dans la fosse au fumier, que dois-je faire de quelques Vers qui se trouvent encore mêlés à la litière? Ils ont l'air aussi réveillés et aussi bien portants que leurs camarades.

— Il ne faut pas hésiter à les sacrifier, dit l'instituteur. Si chacun de vous n'avait pas déjà reçu d'avance sa petite part de Vers à élever chez lui, j'en ferais des générosités; mais vous donner la peine d'essayer d'amener à bien ces retardataires, ce serait vraiment du temps perdu. Dans les grandes éducations, on ne prend pas même le soin d'égaliser ceux qui s'éveillent trop longtemps après les autres, en employant le moyen que nous venons d'indiquer; on trouve plus simple et plus économique de jeter la minorité paresseuse; c'est une perte sur laquelle on a compté; l'on a fait éclore une certaine quantité d'œufs supplémentaires en prévision de cette perte.

Nous allons actuellement laisser ici seulement la division de service, et j'emmènerai le reste du détachement visiter nos mûriers, dont la feuille va bientôt ne faire ici que paraître et disparaître.

— Avant de vous en aller, dit l'élève chef de l'escouade de service, veuillez me donner bien exactement vos instructions, je vous prie, afin que je n'omette rien, et que nous ayons la satisfaction de vous montrer la magnanerie dans le meilleur ordre à votre retour.

§ 5. — Veillez au thermomètre, dit l'instituteur; vous avez des broussailles sèches tant qu'il vous en faut pour alimenter un bon feu clair dans la cheminée; ne laissez pas descendre la température au-dessous de 20 degrés centigrades. Si nous tardons un peu à revenir, ne nous attendez pas pour faire descendre d'un étage les Vers retardataires, qui devront déjà avoir regagné une partie du temps perdu par la prolongation de leur premier sommeil. Quant à la distribution du premier repas, quand même l'heure à laquelle elle doit avoir lieu serait écoulée, ne donnez à manger aux Vers qu'un bon quart d'heure ou même une demi-heure après que la feuille du repas précédent aura été consommée. Conformez-vous très-exactement à ces prescriptions; tenez les ventilateurs constamment ouverts, et tout ira bien.

— Monsieur, dit un autre élève, je vous demanderai un mot d'explication au sujet des papiers-filets. Je vois que nous allons en employer beaucoup : coûtent-ils bien cher?

§ 6. — Le prix, dit l'instituteur, n'est pas excessif par rapport à leur utilité; ils coûtent en fabrique environ 90 fr. les 100 kilogr.; c'est ce que les payent les directeurs des grandes magnaneries qui en achètent de fortes quantités à la fois. En les achetant au détail, je les paye 1 fr. 10 le kilogr. Les feuilles, vous le voyez, ont 0m,80 de long sur 0m,55 de large; cette dernière largeur étant exactement celle de nos claies, les feuilles s'ajustent le mieux possible à la suite les unes des autres. Le nombre de feuilles nécessaires pour couvrir une claie pèse exactement 200 grammes et ne revient qu'à 22 centimes.

Le diamètre des trous dont ces feuilles sont percées est gradué pour répondre au grossissement continu des Vers à soie; de cette manière, ainsi que vous venez de le voir, ce n'est pas nous qui délitons nos Vers, comme cela se pratiquait dans l'ancienne méthode; ce sont eux qui se délitent eux-mêmes. Il en résulte que la séparation est complète entre les Vers bien portants et les Vers morts, mourants ou malades, ainsi qu'entre les Vers éveillés les premiers et les Vers en retard. Ces avantages compensent largement les frais, d'ailleurs peu élevés, que nécessite l'emploi du papier-filet, dont le prix tend à diminuer.

Après ces explications, on alla faire une tournée d'inspection dans la plantation des mûriers.

§ 7. — Voilà, dit l'instituteur, les matériaux que nous avons à mettre en œuvre; car, en la réduisant à sa plus simple expression, notre opération se borne à convertir une quantité donnée de feuilles de mûrier en une quantité donnée de cocons. Depuis leur naissance jusqu'à ce moment, nos Vers à soie n'ont encore consommé que de la feuille de pourrette, ils ne mangeront pas autre chose jusqu'après leur second sommeil. Cette feuille vaut si peu de chose qu'en général, dans les magnaneries dont la comptabilité est tenue le plus régulièrement, on ne lui assigne aucune valeur; je ne vous ai fait peser exactement ce que nous en avons donné à nos Vers à soie que parce que je tiens à vous habituer à ne négliger aucun détail, même de peu d'importance. Quant à la feuille, celle des plus jeunes mûriers, de 4 ou 5 ans de greffe, est la plus ample et la plus belle, sans contredit; mais ce n'est pas la meilleure, au contraire. La feuille des vieux mûriers est toujours la meilleure pour la production de la soie. On considère aussi la feuille des mûriers plantés sur des terrains en pente, plus ou moins élevés, comme supérieure à la feuille des mûriers plantés dans les plaines basses. En nous conformant à ces indications fournies par l'expérience, nous cueillerons, en premier lieu, la feuille de nos plus jeunes mûriers de la plaine, et nous réserverons pour les derniers repas de nos Vers à soie la feuille de nos mûriers les plus âgés, qui croissent sur la pente du coteau. Comme nous n'allons pas tarder à avoir besoin de feuilles que nous cueillerons toujours un jour ou deux d'avance, il faut que je vous montre comment on doit s'y prendre pour la récolter convenablement.

§ 8. — Est-ce comme cela, monsieur, dit un élève, en prenant par le sommet un rameau de mûrier, et faisant glisser sa main de haut en bas, en entraînant toutes les feuilles?

— Non pas, certes, mon enfant. Si je vous laissais continuer ainsi, nous n'aurions pas de feuilles de mûrier l'an prochain.

— Je vous assure pourtant, monsieur, que je m'y suis pris fort délicatement, et que les feuilles se sont détachées entre mes doigts avec la plus grande facilité.

— Je vous crois, mon enfant. Mais, en détachant la feuille

de haut en bas, vous entraînez avec elle l'œil ou bourgeon, à peine visible à cette époque de l'année, qui doit donner naissance aux feuilles de l'année prochaine. Pour ne pas endommager ces précieux bourgeons que nous avons tant d'intérêt à conserver, c'est de bas en haut qu'il faut détacher les feuilles, bien que, lorsqu'on opère dans ce sens, elles opposent un peu plus de résistance. A chaque fois que nous aurons cueilli une provision de feuilles, avant de la couper pour la distribuer aux Vers à soie, nous l'éplucheront, c'est-à-dire que nous en séparerons soigneusement les petites branches et les fruits à demi formés qui s'y trouveront nécessairement mêlés. Vous savez tout ce que j'avais à vous apprendre sur la feuille de mûrier, quant à présent; retournons à la magnanerie.

— L'air est trop sec ici, dit en rentrant l'instituteur; hâtez-vous d'arroser le plancher, comme s'il s'agissait de le balayer, sans soulever de poussière. Une chaleur humide, accompagnée d'une bonne ventilation, est un des premiers éléments de vigueur et de santé pour les Vers à soie à tous les âges.

§ 9. — Est-ce que la sécheresse de l'air a déjà nui aux nôtres? dit un élève avec inquiétude.

— Pas sensiblement, je l'espère, mon absence ne s'étant pas trop prolongée. La faute en est à moi, mes amis; j'avais omis, en quittant la magnanerie, une recommandation essentielle; si j'étais rentré seulement une heure plus tard, nous aurions eu très-probablement quelques morts et beaucoup de malades. Ceci vous montre à quel point il importe au magnanier de diriger sans cesse toute son attention sur les moindres détails, la plus légère inattention pouvant entraîner les plus graves conséquences.

Vers le soir, l'instituteur fit apporter, sur les tablettes les plus basses du centre de la magnanerie, les Vers retardataires tenus pendant toute cette journée sur les tablettes supérieures. La chaleur à laquelle ils avaient été soumis leur avait été très-utile; ils paraissaient avoir bien profité des six repas copieux qui leur avaient été distribués; placés à côté des autres, ils se montraient aussi avancés dans leur développement; ils les avaient rejoints.

— A dater de cet instant, dit l'instituteur, nous allons simplifier notre opération, en traitant tous nos Vers de la même manière. Tous seront soumis à la même température; tous recevront leurs quatre distributions par jour, et tous, sauf un très-petit nombre d'exceptions, s'endormiront en même temps.

— Comme ils ont grossi depuis ce matin! dit un enfant, Les voilà, pour ainsi dire, les uns sur les autres.

— Votre observation est juste, mon enfant; ceci va nous obliger à *dédoubler* nos Vers à soie dès ce soir, opération que je comptais remettre à demain matin.

— Qu'entendez-vous, monsieur, par *dédoubler* les Vers à soie?

§ 10. — Cette opération, mes amis, consiste à répartir su- une plus grande étendue de claies les Vers à soie, quand l'espace qui leur avait été premièrement assigné se trouve trop petit, parce qu'ils ont augmenté de volume. Le dédoublement, d'après la méthode actuellement en usage, offre encore moins de difficulté que le délitement. Nous allons étendre sur nos vers des papiers-filets, non pas en long, cette fois, mais en travers. Ils déborderont à droite et à gauche sur des claies couvertes de papiers entiers, sur lesquelles nous étendrons une bonne ration de feuille fraîche. Quand nos vers auront quitté la litière, en passant par les papiers-filets, se trouvant gênés faute de place, ayant d'ailleurs de la feuille à leur portée sur les claies supplémentaires mises à leur disposition, ils s'y disperseront d'eux-mêmes; nous n'aurons qu'à les regarder faire, ce qui vaudra cent fois mieux que de les prendre à poignée pour en garnir de nouvelles claies, ainsi que cela s'est pratiqué si longtemps, en tuant à chaque dédoublement un assez grand nombre de Vers à soie.

Le dédoublement étant terminé, l'instituteur fit remarquer aux élèves, avec une satisfaction légitime, l'état florissant de la colonie de Vers à soie; pas d'odeur dans la magnanerie, pas d'encombrement, pas de malades.

— Ne nous flattons pas, dit-il, qu'il en sera de même jusqu'à la fin de l'éducation de nos Vers; attendons-nous aux revers et aux accidents, et tenons-nous prêts à y parer de notre mieux, après avoir fait tout notre possible pour les prévenir. Néanmoins, soyez assurés, mes amis, que quand on a donné, comme vous, des soins assidus et intelligents aux Vers pendant leurs deux premiers âges, on a beaucoup fait pour diminuer les chances de maladies et de mortalité qui peuvent les décimer pendant les dernières phases de leur existence.

Questionnaire.

Quels changements subissent les Vers à soie après leur premier sommeil ? § 1.
Faut-il donner à manger aux Vers à soie aussitôt après leur réveil ? § 2.
Quelle est la consommation des Vers à soie pendant leur premier âge ? § 3.
Comment doit-on s'y prendre pour égaliser le développement des Vers à soie ? § 4.
Quel est l'indice assuré du moment où les Vers à soie doivent recevoir un nouveau repas ? § 5.
Quel est le prix moyen des papiers-filets ? § 6.
Quelle est la meilleure feuille de mûrier, et quelle feuille doit-on réserver pour la fin de l'éducation ? § 7.
Comment doit-on récolter la feuille de mûrier ? § 8.
L'air chaud, mais sec convient-il au Ver à soie ? § 9.
Qu'est-ce que le dédoublement des Vers à soie ? § 10.

ONZIÈME ENTRETIEN.

LES VERS A SOIE.

(Suite.)

§ 1. — Vers la fin du quatrième jour du second âge, l'instituteur fit, avec satisfaction, remarquer à ses élèves que cette fois, la presque totalité des Vers à soie entrait en même temps dans son second sommeil, signe d'une égalité parfaite dans la marche de leur développement.

— C'est à peine, dit un élève, s'il s'en trouve çà et là quelques-uns qui tardent à s'endormir. Est-ce que nous allons les laisser avec les autres ?

— Non pas, certes, dit l'instituteur. Posons sur nos dormeurs, qui ne s'en aperçoivent seulement pas, des papiers filets que nous parsèmerons d'un peu de feuille; ces retardataires vont y venir tous sans exception; nous les éliminerons d'un seul coup. Nous les sacrifierons avec d'autant moins de regret qu'ils forment, vous le voyez, une imperceptible minorité.

Quand le petit nombre des retardataires de la seconde toue se fut ainsi séparé de la masse uniformément endormie, l'instituteur fit faire par un élève le relevé des opérations de l'éducation durant le second âge, ainsi qu'il avait été fait pour le premier âge, pendant le premier sommeil. Il reconnut avec plaisir que les élèves, sans s'être communiqué leurs notes, les avaient prises à peu près mus de même, sans rien oublier d'important. La consommation totale de la feuille de pourrette s'était élevée, en quatre jours, à 9 kil. 400 grammes.

§ 2.—Remarquez, dit l'instituteur, les phases croissantes et décroissantes de l'appétit des Vers à soie, d'un sommeil à un autre. Le premier jour, ils ont mangé 2 kil. 500 grammes de feuilles; le lendemain, il leur en a fallu un peu plus: ils en ont mangé 2 kil. 800 grammes. Le troisième jour a été celui du maximum de leur voracité; on leur a distribué 3 kil. 100 grammes de feuilles. Dès le matin du quatrième jour, aux approches du second sommeil, nos Vers n'avaient presque plus faim; ils n'ont reçu qu'un kil. de feuilles, en comptant les 100 grammes perdus pour séparer les retardataires. Avez-vous marqué sur vos cahiers la température de la magnanerie pendant le deuxième âge et mesuré l'espace occupé par les Vers au moment où ils sont entrés dans leur second sommeil!

— Le thermomètre, dit un élève, a toujours été maintenu entre 20 et 21° centigrades le jour, ou entre 19 et 20° la nuit, selon vos instructions. Nos Vers conservent en ce moment environ 2 mètres 50 centimètres carrés de superficie; ils pourraient en occuper un peu moins sans se gêner réciproquement.

— Il est vrai, mon ami; mais j'ai eu soin de vous faire dédoubler les vers une seconde fois, un peu avant qu'il leur prît envie de dormir; il importe à leur bien-être qu'ils ne s'endorment pas entassés les uns sur les autres.

— Le second sommeil, dit un élève, arrive-t-il toujours régulièrement au quatrième jour du deuxième âge?

§ 3. — Non, mon enfant. La durée de cet âge n'est jamais de moins de quatre jours; mais elle est quelquefois de cinq jours, et même de cinq jours et demi. Quand ces retards soit lieu, pourvu que l'uniformité du développement ne ont pas dérangée, le magnanier ne doit pas s'en alarmer; ils proviennent des inégalités de la température extérieure et des propriétés plus ou moins nourrissantes de la feuille, selon le temps qu'il fait. Il faut seulement donner à manger aux Vers tant qu'ils ne s'endorment pas, et proportionner les distributions à leur appétit. L'un des plus habiles producteurs de soie de nos jours, M. Guérin-Méneville, a formulé très-clairement la meilleure règle à suivre à cet égard. « Il faut, dit-il, donner des repas faibles après chaque mue, abondants au milieu de chaque âge, et les diminuer peu à peu, quand les Vers vont s'endormir. » C'est bien ce que nous avons fait et c'est ce que nous continuerons à faire, tant que nos Vers mangeront.

Après un sommeil uniforme suivi d'un réveil presque simultané, les Vers à soie commencèrent à recevoir la feuille de mûrier, cueillie, épluchée et hachée d'avance. C'était plaisir de voir s'agiter, avec une activité exempte de désordre, les élèves attentifs à suivre de point en point les prescriptions de l'instituteur; l'attrait de la nouveauté, si puissant à leur âge, et le désir d'acquérir des notions pratiques dont ils comprenaient toute l'utilité, leur faisaient supporter gaiement les fatigues un peu rudes dont chacun devait prendre sa part. Déjà façonnés au service par les opérations accomplies pendant le premier et le deuxième âge, ils n'éprouvaient plus aucun embarras pour déliter les Vers à soie, les dédoubler en proportion de leur grossissement, cueillir, préparer et distribuer la feuille qu'il suffisait, au bout d'un jour ou deux, de couper grossièrement.

§ 4. — Le quatrième jour, le temps se refroidit et se mit à

lapluie. Voici, dit l'Instituteur, les difficultés qui vont nous assaillir ; nous avons dû nous y attendre ; sachons y faire face. Augmentez le feu dans la cheminée ; il n'y a pas d'inconvénient à ce que le thermomètre soit seulement à 19°.centigrades le jour et 18° la nuit dans la magnanerie ; mais vous verriez ici se montrer une mortalité effrayante parmi nos Vers à soie, si par négligence nous les laissions exposés, ne fût-ce qu'une heure, à des alternatives de froid et de chaud. Cette pluie froide et fâcheuse paraît malheureusement durable ; nous allons être forcés de cueillir de la feuille mouillée et de la faire sécher avant de la distribuer.

— La feuille mouillée ferait-elle réellemeut, dit un élève, un tort bien sensible aux Vers à soie ?

— Elle leur donnerait une diarrhée mortelle ; mais, avec un peu d'activité, nous surmonterons cette difficulté. A mesure que les sacs pleins de feuilles mouillées vont nous arriver, nous en viderons le contenu dans la chambre du rez-de-chaussée ; nous retournerons fréquemment la feuille pour exposer les deux surfaces à l'air et prévenir la fermentation qui pourrait s'y établir et en altérer les propriétés, et si la feuille ainsi traitée n'est pas tout à fait aussi bonne qu'elle le serait sans cette pluie malencontreuse, du moins nos Vers pourront la manger sans danger en attendant le retour du beau temps qui ne tardera pas, il fau l'espérer.

Actuellement que nos Vers ont attaqué la provision de bonne feuille de mûrier et qu'ils ne sont plus au régime de la pourrette, ménageons les vivres ; c'est un soin qu'il faut toujours prendre, même quand on dispose, comme nous, d'une certaine quantité de feuilles au delà des besoins prévus ; on ne doit jamais s'exposer à en manquer.

§ 5. — Comment ce malheur pourrait-il nous arriver, dit un élève? Vous nous avez dit vous-même au début que nous aurions beaucoup de feuilles de trop, si j'ai bonne mémoire ?

— Oui, mes amis ; mais je n'ai pas pu vous dire s'il pleuvrait ou s'il ferait beau temps. Or, voici la pluie ; pour peu qu'elle dure, une partie de notre feuille va *se rouiller*, c'est-à-dire se couvrir de taches rousses auxquelles les magnaniers donnent le nom de *rouille*.

— La feuille rouillée est-elle dangereuse pour les Vers à soie?

— Nullement, mes enfants, pour une excellente raison : ils n'y touchent pas. Lorsqu'on leur offre de la feuille rouillée, ils rongent toute la partie verte et laissent le reste, d'où il résulte qu'un kil. de cette feuille ne représente pas le plus souvent au delà de 500 grammes de feuille saine. Si la pluie dure plusieurs jours, une partie de notre feuille se rouillera inévitablement, et, dans ce cas, au lieu d'avoir trop de feuilles pour nos Vers, nous en aurons peut-être beaucoup trop peu. Prenons donc nos précautions, et commençons par apporter la plus grande régularité dans nos quatre distributions, la première à 5 heures du matin, la dernière à 11 heures du soir, les deux autres à des intervalles à peu près égaux dans le courant de la journée, toujours en nous réglant sur ce principe de ne donner de nouvelle feuille que quand il ne reste que les côtes du repas précédent. Je vous fais observer que le dernier repas a été donné avec un peu trop de libéralité.

— Est-ce que les Vers, dit un enfant, peuvent se donner des indigestions quand ils ont reçu trop de feuilles à la fois?

§ 6. — Ils ne mangent jamais au delà de ce qu'ils peuvent digérer, mon ami, et c'est précisément pourquoi il faut proportionner les repas à l'appétit des Vers; ce qu'ils ne mangent pas se sèche entre une distribution et la suivante : c'est autant de perdu. Je viens de vous expliquer pourquoi, même lorsqu'on a, comme nous, l'avantage d'être largement approvisionné en bonne feuille, il est toujours imprudent de la prodiguer.

Le mauvais temps ne dura pas deux jours et ce fut à peine si quelques taches de rouille se montrèrent sur la feuille des plus jeunes mûriers. C'en fut assez néanmoins pour prolonger jusqu'au sixième jour le troisième âge qui, par un temps favorable, se termine ordinairement au bout de cinq jours.

— Voilà nos Vers tous bien endormis, dit un élève, et

nous avons encore moins de retardataires qu'il n'y en avait au sommeil précédent.

— Il est vrai, dit l'instituteur, et, jusqu'à présent, tout nous fait espérer un très-bon résultat; mais nous ne sommes pas au bout de nos peines. En s'éveillant pour commencer leur quatrième âge, nos Vers à soie entreront dans la période de leur existence où ils sont le plus exposés aux attaques de diverses maladies; dès à présent, il y a déjà parmi nos vers des *luizettes:* heureusement qu'il n'y en a pas un bien grand nombre.

— Qu'appelez-vous des luizettes, monsieur, je vous prie?

§ 7. — Ce sont ces quelques Vers dont la peau est plus lisse et plus luisante que celle des autres. Faute de vigueur, ils n'ont pas pu se dépouiller de leur peau; mais comme ce vêtement qu'ils auraient dû quitter est devenu trop étroit, il est tendu à l'excès, ce qui donne aux luizettes l'aspect particulier auquel il est facile de les reconnaître. Au premier délitage, une partie des luizettes n'aura pas la force de monter à travers les trous du papier filet; ces malades resteront dans la litière et seront éliminés avec elle. Les autres, mêlés aux Vers bien portants, ne tarderont pas à mourir et leurs corps propageraient la maladie si on négligeait de les jeter. Entre le premier et le second délitage, nous inspecterons attentivement nos claies, et nous enlèverons toutes les luizettes que nous pourrons découvrir; au second délitage, le peu qui en restera sera trop malade pour traverser le filet; nous en serons tout à fait débarrassés. Pendant le sommeil des Vers à soie, examinons, par un coup d'œil donné en arrière, la marche de l'éducation pendant le troisième âge qui vient de finir.

§ 8. — Je trouve, dit un élève, en consultant un cahier de notes très-proprement tenu, que nos Vers ont reçu le premier jour 3 kil. de feuille; ils se sont éveillés tard et n'ont pas eu besoin d'une forte ration. Le second jour, ils ont reçu 9 kilogrammes; le troisième, 9 kil. 500 grammes; le quatrième jour, leur grande faim était apaisée; ils n'ont consommé que 5 kil. 250 grammes, dont la plus grande partie a passé dans leur premier repas de la matinée; le cinquième jour, 4 kil. de feuille leur ont suffi; enfin, le sixième, nous en avons distribué 3 kil. aux Vers près de s'endormir, encore n'ont-ils pas tout consommé. Ainsi, pendant toute la durée du troisième âge, nous avons distribué à nos Vers 33 kil. 750 grammes de feuille de mûrier. Cette période de l'éducation a été contrariée par la pluie en dépit de laquelle nos Vers n'ont pas moins continué à grossir, car ils couvrent en ce moment une surface de 5 mètres 50 centimètres carrés. Le thermomètre a été maintenu dans la magnanerie à 19° centigrades le jour et 18° la nuit, ce qui a exigé une assez forte consommation de combustible, car la température extérieure n'était que de 12 à 14 degrés.

— Le temps paraît s'être tout à fait remis, dit l'instituteur; mais, sous notre climat inconstant, la pluie peut reprendre d'un instant à l'autre. Nous profiterons donc du beau temps pour faire une ample provision de feuilles que nous éplucherons, pour n'avoir plus qu'à la couper au moment de la distribution; dès le second ou le troisième jour du quatrième âge où nos Vers entreront en s'éveillant, il ne sera plus nécessaire de couper la feuille.

§ 9.—N'y a-t-il pas d'inconvénient, monsieur, à cueillir la feuille plusieurs jours avant de la distribuer? Ne perd-elle pas une partie de ses propriétés nourrissantes?

— Non, mes amis; la feuille récoltée deux jours d'avance est aussi bonne que celle qu'on cueille immédiatement avant de la donner aux Vers à soie, pourvu que le magnanier ait à sa disposition, pour la conserver, un local frais, propre, carrelé, suffisamment spacieux pour que la feuille y soit étendue par couche de peu d'épaisseur; car, si elle était mise en tas, elle s'altérerait rapidement par la fermentation.

L'instituteur n'était pas sans inquiétude, vers la fin du troisième sommeil, un peu plus prolongé que les précédents; un échec, pour une première éducation, eût laissé une impression pénible dans l'esprit des élèves; le dégoût et, par suite, la perte de toutes ses peines pouvaient en être le résultat.

— Tout va bien, dit-il enfin en voyant les Vers entrer

dans leur quatrième âge; le réveil est complet et il n'y a presque plus de luizettes : avec l'aide de Dieu, nous en sortirons à notre honneur; je puis dès à présent espérer que nous aurons de beaux et bons cocons dont l'aspect vous dédommagera de vos fatigues, et que tous nos soins ne seront pas de la peine perdue.

Questionnaire.

Quelle est la consommation moyenne des feuilles pendant le second âge des Vers à soie ? § 1.
Quelle est la marche progressive de cette consommation ? § 2.
A quelle époque survient le second sommeil du Ver à soie? § 3.
Quel effet produit le mauvais temps sur le développement des jeunes Vers à soie? § 4.
Pourquoi la feuille de mûrier atteinte de la rouille peut-elle déranger les prévisions du magnanier? § 5.
Le Ver à soie peut-il se donner des indigestions? § 6.
Qnelle est la maladie des Vers que les magnaniers nomment Luizette? § 7.
Quelle est la consommation de la feuille pendant le 3me âge? § 8.
La feuille cueillie quelques jours d'avance, est-elle nuisible au Ver à soie? § 9.

DOUZIÈME ENTRETIEN.

LES VERS A SOIE.

(Suite.)

§1.—Nous allons, dit l'instituteur, quand les Vers à soie se furent éveillés pour commencer leur quatrième âge, entrer dans une phase nouvelle de nos travaux; désormais, nous prendrons encore moins de repos que précédemment, car nos Vers auront besoin d'être surveillés nuit et jour; et puis, il nous faudra lutter contre plusieurs causes d'altération de la santé de nos élèves, causes qui jusqu'ici ne se sont pas produites.

— Quels sont ces nouveaux dangers? dit un élève. Jamais je n'ai vu nos Vers s'élever mieux ensemble; jamais nous n'avons eu moins de malades ni même moins de retardataires qu'il n'en reste depuis le dernier sommeil.

— C'est vrai, mon enfant, et c'est un résultat de nos soins dont nous devons nous féliciter; mais la chaleur extérieure va devenir bien plus forte qu'il ne convient pour notre colonie; si nous laissons la température de la magnanerie s'élever outre mesure, nous aurons ce que les magnaneries du Midi nomment des *touffes*, c'est-à-dire des coups violents de chaleur, pendant lesquels beaucoup de Vers à soie peuvent périr par suffocation.

— Pensez-vous, monsieur, dit un enfant déjà très-alarmé, que de pareils accidents soient à craindre pour notre petite magnanerie?

— J'espère bien que non, dit l'instituteur, il ne faut pas s'effrayer d'avance; il faut, pour conjurer le danger, non pas le redouter, mais le prévoir et le combattre : c'est ce que nous ferons, sans perdre de temps. Une circonstance des plus heureuses pour nous en ce moment, c'est l'espace dont nous disposons, et qui suffirait, à la rigueur, pour une éducation de 60 grammes d'œufs. Nos Vers sont d'autant moins exposés aux effets funestes des touffes et, en général, à toutes les maladies qui les atteignent pendant les derniers âges, qu'ils sont, sur les claies, moins pressés les uns contre les autres.

Je n'ai pas d'instructions particulières à vous donner quant à la nourriture des Vers : toujours quatre repas, aux mêmes heures que précédemment, avec la plus grande ponctualité. La marche de l'appétit chez les Vers n'est plus, comme vous le verrez, la même que pendant les premiers âges; ils s'éveillent peu affamés et deviennent voraces vers leur prochain sommeil; ménageons la feuille au début; gardons une ample distribution pour la fin; délitons fréquemment; dédoublons aussi souvent que le grossissement des Vers paraîtra l'exiger : c'est le sommaire de notre programme ; quant aux soins généraux, ils vous sont déjà familiers.

— Quelles précautions particulières devons-nous prendre contre les *touffes*, dit un élève? Nous avons déjà près de

24 degrés ici, ce matin, et, d'après vos instructions, 19 à 20 degrés seraient plus que suffisants.

§ 2.—Avant tout, dit l'instituteur, donnons de l'air, beaucoup d'air. La direction du bâtiment étant de l'est à l'ouest, nous avons heureusement des fenêtres au sud et d'autres au nord; fermons fenêtres et volets au sud, ouvrons toutes grandes les fenêtres au nord, et, avec le concours de mes ventilateurs, nous maintiendrons dans l'atmosphère de la magnanerie une agitation salutaire aux Vers à soie.

L'un des élèves témoigna son étonnement en voyant l'instituteur jeter, sur le feu allumé dans la cheminée, quelques poignées de copeaux de menuiserie.

— J'aurais cru, monsieur, dit-il, qu'il fallait au contraire laisser éteindre le feu complétement,

— Gardons-nous-en bien, mon enfant. Vous pouvez sentir que, malgré de fréquents délitements, l'odeur des déjections des Vers à soie et celle de leur litière fermentée sont ici très-sensibles. Dès à présent, ne remarquez-vous pas que cette odeur change de nature?

— On s'en aperçoit très-bien, monsieur; à quoi cela tient-il?

§ 3.— A l'évaporation incessante de la transpiration des Vers, évaporation de plus en plus abondante, à mesure que la température s'élève. Pour chasser toutes ces émanations, le tirage de la cheminée n'est pas de trop; je n'y brûle, comme vous le voyez, ni du gros bois, ni des fagots, ni même des broussailles, qui produiraient trop de chaleur; j'y fais flamber, de temps à autre, un peu de copeaux, ce qui suffit pour entretenir le tirage de la cheminée, sans élever bien sensiblement la température.

En pratiquant assidûment la méthode prescrite par l'instituteur, les jeunes aspirants magnaniers conduisirent leur éducation à la fin du quatrième âge, avec assez de bonheur; le danger des touffes fut conjuré; le nombre des *luizettes* se réduisit à un chiffre tout à fait insignifiant.

En récapitulant le cours de l'opération pendant cet âge, un élève trouva que les Vers avaient consommé, toujours en quatre repas, par jour, 7 kilog. 500 grammes de feuilles le premier jour; 15 kil. le second; 26 le troisième; 30 le quatrième ; 15 le cinquième, jour où plusieurs Vers avaient commencé à dormir ; et 4 kil. seulement le sixième jour, pour le petit nombre des Vers endormis un peu plus tard que la grande masse de leurs camarades. Au réveil précédent, l'espace occupé par les Vers commençant le quatrième âge était de 12 mètres carrés ; il était de 14 mètres 50 cent. au moment du sommeil général.

— Voilà tous nos Vers rassasiés et endormis de nouveau, dit un élève; le moment le plus critique pour eux est-il passé?

§ 4. — Non, malheureusement, mes amis; mais rien ne nous empêche d'espérer que nous éviterons les maladies du *gras* ou *jaunisse* et de la *muscardine,* comme nous avons évité les *touffes,* bien qu'il ne soit pas en notre pouvoir de les empêcher d'une manière absolue; ces maladies ne paraissent guère que pendant le cinquième âge.

Prenons tous un peu de repos tandis que nos Vers dorment; puis, nous ferons provision de feuilles pour nos Vers qui vont plus que jamais mériter leur nom méridional de *magnans,* ou grands mangeurs.

Ce ne fut qu'après trente-six heures de sommeil complet que les Vers commencèrent à s'éveiller; beaucoup d'entre eux dormaient encore au bout de quarante-huit heures; quelques élèves témoignaient déjà la crainte de ne pas les voir sortir d'une léthargie aussi prolongée.

— Ce n'est pas là qu'est le danger, dit l'instituteur; c'est d'ailleurs la marche naturelle de la vie du Ver à soie; il quitte sa dernière peau ; il se prépare à changer en soie la presque totalité de sa substance intérieure : ce travail de la nature ne s'opère pas en lui sans une crise pénible, dont la durée, beaucoup plus longue que celle des sommeils antérieurs, est fort inégale, même chez les Vers entourés du luxe de soins que nous prodiguons aux nôtres, parce que nous ne regardons pas à notre peine pour réussir.

— Nous aurons donc cette fois, dit un élève, beaucoup de retardataires? Est-ce qu'il nous faudra les sacrifier?

§ 5.— Non pas, certes, mes amis. Voici ce que nous ferons. Les premiers éveillés, isolés du gros de la troupe par une très-légère distribution de feuilles au travers d'un papier-filet, auront la complaisance de patienter, et d'attendre le réveil de la masse avant de recevoir leur premier repas copieux ; la séparation successive des Vers éveillés, qu'il est bon de ne pas laisser à côté de ceux qui dorment encore, parce qu'ils ont besoin de beaucoup d'air et d'un bon espace libre autour d'eux, durera toute la journée. Il n'y aura plus alors que quelques retardataires ; parmi ceux-ci, nous sacrifierons seulement les moins bien portants ; ceux qui paraîtront avoir bonne envie de vivre seront mis sur une claie à part, car il ne sera pas possible de leur faire rejoindre les autres ; nous sommes assez de monde au fait de la besogne pour ne pas craindre ce léger et inévitable surcroît d'embarras. Quant au retard apporté dans le service du déjeuner sérieux de nos Vers sortant de leur dernière mue, l'expérience prouve qu'il est sans inconvénient, pourvu qu'ensuite la faim dévorante des Vers soit constamment satisfaite ; car, une fois qu'ils ont commencé à manger, en entrant dans leur cinquième âge, la moindre interruption dans les dstributions ne peut manquer de leur être fatale.

Quand les Vers éveillés eurent été distribués sur de nouvelles claies et pourvus d'un bon repas de feuilles qu'il n'était plus nécessaire de couper, l'instituteur passa une inspection rigoureuse de toutes les tablettes.

§ 6. — Examinez bien, dit-il aux élèves, ceux de nos Vers qui, au lieu de prendre leur part du repas, se cramponnent au rebord des claies : ce sont des mourants ; le travail du dernier changement de peau les a complétement épuisés ; ils n'ont plus même la force de manger, bien qu'ils ne soient atteints d'aucune maladie ; dans les magnaneries du Midi, on nomme ces Vers *arpians* ou *passis*. Hâtons-nous de les enlever ; car ils vont mourir et leurs corps, promptement décomposés sous l'empire de la chaleur humide qui règne ici, communiqueraient aux Vers actuellement bien portants des maladies dangereuses. Remarquez aussi que l'odeur des déjections et de la litière, que nous ne pouvons nous empêcher de ressentir au commencement de la fermentation, est beaucoup plus mauvaise qu'elle ne l'était pendant le quatrième âge. Nous déliterons souvent ;

nous renouvellerons constamment l'air, et nous n'aurons, je l'espère, pas trop de malades.

Au premier délitement du cinquième âge, les élèves ouvrirent toute grande la porte de la magnanerie pour emporter plus facilement la litière au dehors, comme ils en avaient l'habitude.

§ 7. — Prenez garde, dit l'instituteur ; je vous l'ai dit, le tempérament du Ver à soie change avec l'âge ; il ne supporte pas au cinquième ce qui pendant le troisième et le quatrième ne lui aurait fait aucun mal. Fermez les fenêtres, afin qu'il n'y ait pas de courant d'air ; puis, vous ouvrirez la porte en ayant soin de la laisser ouverte le moins de temps possible, et, aussitôt le nettoyage achevé, les fenêtres seront ouvertes de nouveau ; comme nous avons soin de n'ouvrir que les fenêtres du même côté de la magnanerie, l'air intérieur se renouvelle sans cesse, mais aucun courant d'air vif ne frappe sur les Vers ; cette précaution est de rigueur durant tout le cinquième âge.

Plusieurs jours s'étaient écoulés depuis le dernier réveil des Vers ; ils grossissaient à vue d'œil, et déjà les élèves se flattaient d'arriver à la fin de l'éducation sans perte sensible par les maladies dont l'instituteur redoutait toujours l'invasion.

— Voici déjà quelques malades, dit celui-ci en mettant à part trois ou quatre Vers qui avaient cessé de manger. Vous voyez qu'ils ont une nuance jaune prononcée et que leur corps semble enduit d'une sorte de graisse ; ils ont la jaunisse ou le gras ; recherchons-les soigneusement au milieu des autres, afin qu'ils ne leur communiquent pas la maladie.

— Regardez donc, monsieur, dit un élève, comme ce Ver qui vient de mourir est déjà sec et ratatiné. Il n'a pas l'air d'être mort de la jaunisse.

§ 8. — Dieu nous préserve, dit l'instituteur, d'en voir beaucoup périr de la même manière ! Ce Ver est mort de la *muscardine*, terrible affection qui dépeuple souvent les magnaneries au moment où les Vers vont se mettre à filer et lorsqu'ils semblent dans l'état de santé le plus florissant. Les magnaniers provençaux ont donné à cette maladie le nom de muscardine, parce que les Vers morts de cette maladie prennent en se desséchant la forme d'une petite dragée usitée comme friandise en Provence sous le nom de *muscardin*.

— Quel remède opposer à ce fléau, dit un élève.

— Aucun, malheureusement, mon enfant : c'est-à-dire qu'une fois que les Vers sont atteints de la muscardine, il faut qu'ils en meurent; il n'existe jusqu'à présent aucun moyen connu de les en empêcher. On ne peut que chercher à combattre les causes sous l'influence desquelles elle se produit. Ces causes, mes enfants, sont les mêmes qui donnent lieu à toutes les maladies des Vers à soie ; les plus funestes, celles dont il est heureusement le plus facile de préserver les magnaneries, sont l'insalubrité, la malpropreté et le défaut de ventilation. Nos mesures étant bien prises sous tous ces rapports, j'espère que la muscardine, bien que contagieuse, n'envahira pas nos claies dans des proportions désastreuses.

— Il me semble cependant, dit un élève, avoir entendu dire à mon oncle, qui a travaillé dans le Midi et qui prend beaucoup d'intérêt à nos *magnans*, qu'on pratique divers genres de fumigations recommandés contre la muscardine?

§ 9. — Cela est vrai, mon enfant; votre oncle aurait pu ajouter que ces fumigations sont particulièrement utiles à ceux qui en font payer les recettes comme des secrets précieux, et qu'elles ne servent de rien aux Vers à soie. Dans le Piémont et la Lombardie, on expose à la fumée des broussailles brûlées à l'état frais tous les ustentiles d'une magnanerie dans laquelle a sévi la muscardine: la maladie est moindre l'année suivante, ou même elle ne reparaît pas. Comme cette précaution ne coûte rien et qu'elle ne peut avoir que de bons effets, après notre éducation terminée, nous enfumerons tout notre attirail ; pour le moment, il n'y a rien à faire sinon de redoubler de vigilance, de soins et de propreté, et d'enlever les vers malades de la muscardine ou de toute autre affection, à mesure que nous pourrons en découvrir.

Le cinquième jour, l'élève dont c'était le tour de diriger le service de la magnanerie, dit à l'instituteur, après avoir fait distribuer le premier repas :

— Je suis réellement effrayé, monsieur, de l'appétit croissant de nos Vers. Regardez mes notes : ils ont mangé 21 kilogr. de feuilles le premier jour de leur cinquième âge ; 33 kilogr. le second jour ; 47 kilogr. le troisième ; hier, c'était leur quatrième jour, ils ont dévoré 70 kilogr. ; on vient de leur en distribuer 10 kilogr. et ils ont tout dévoré en un clin d'œil : êtes-vous sûr que nous aurons assez de feuilles pour les alimenter jusqu'au bout, du train dont ils y vont ? Combien leur en faudra-t-il donc encore pour aujourd'hui ?

§ 10. — D'abord, dit l'instituteur, rassurez-vous ; nous sommes en mesure ; les vivres ne manqueront pas. La consommation de ce jour ne doit pas être de moins de 93 kil., et celle de demain doit être encore plus forte ; elle ira bien à 110 ou 114 kil. Nous voici au milieu du cinquième âge. Prêtez l'oreille un moment, vous entendrez manger les Vers ; le léger bruit de leurs mâchoires en activité s'entend distinctement. Tout va bien ; nous avons peu de Vers gras, et la muscardine a presque disparu. Nous pouvons, dès à présent, compter sur un bon résultat, et pour un début, nous aurons doublement sujet de nous en applaudir. Mais que nos Vers ne souffrent pas de la faim, pas plus la nuit que le jour, ou tout serait perdu.

— Je n'aurais jamais cru, dit un enfant, qu'un animal quelconque fût en état d'absorber une telle masse de nourriture ?

— Je le crois, mon enfant, dit l'instituteur ; l'appétit des Vers à soie semble fabuleux ; aujourd'hui et demain, leurs repas seront, par rapport à leur poids et à leur volume, dans la même proportion que si l'on faisait manger par jour à chacun de vous 10 kilogr. de viande et 16 de pain : c'est ce que les magnaniers du Midi nomment la *frèze des magnans*, sorte de fringale à laquelle il faut faire face, à tout prix ; le succès définitif en dépend.

Questionnaire.

De quels dangers particuliers les Vers à soie sont-ils menacés pendant le 4me âge ? § 1.

Pourquoi un peu de feu clair est-il nécessaire dans la cheminée

de la magnanerie, même durant les plus fortes chaleurs ? § 2.
Pourquoi l'odeur exhalée par les Vers à soie devient-elle plus forte à leur quatrième âge ? § 3.
Quelles maladies menacent les Vers à soie pendant le quatrième âge ? § 4.
Faut-il sacrifier les Vers à soie en retard à la fin du quatrième âge ? § 5.
Quelle est la maladie des Vers nommés Arpians, ou Passis ? § 6.
Quels ménagements exige le débitement des Vers au quatrième âge ? § 7.
Quels sont les caractères de la maladie du Ver à soie nommée Muscardine ? § 8.
A quoi servent les fumigations contre la Muscardine ? § 9.
Quelle progression suit la consommation de la feuille pendant le quatrième âge ? § 10.

TREIZIÈME ENTRETIEN.

LES VERS A SOIE.

(Suite.)

§ 1.—Il n'est pas possible, dit un élève, en voyant l'ample provision de feuilles de mûrier tout épluchée pour faire face à la frèze des Vers à soie, il n'est pas possible que nos Vers mangent tout cela en vingt-quatre heures !

— Il est, au contraire, très-possible qu'ils n'en aient pas assez, dit l'instituteur ; vous n'en avez préparé que 100 kilogr. ; selon toutes les prévisions, il en faudra un peu plus ; épluchez-en encore au moins 12 kilogr. ; quand ils auront mangé cela, leur appétit ne sera presque pas diminué.

Ainsi que l'avait prévu l'instituteur, la consommation du sixième jour, premier jour de la seconde période du cinquième âge, fut de 112 kilogr. de feuilles ; celle du jour suivant fut de 107. L'inquiétude s'emparait des enfants ; il ne restait presque plus de mûriers à dépouiller. Le huitième jour la frèze se calma, les Vers ne reçurent que 75 kilogr.

§ 2. — C'est maintenant seulement, mes enfants, que nous allons, dit l'instituteur, faire donner la réserve, en dépouillant nos meilleurs mûriers, c'est-à-dire les plus âgés, plantés sur la pente du coteau ; réserve précieuse, ménagée précisément pour les jours qui succèdent à la frèze. Avec cette feuille de toute première qualité (ils n'en recevront plus d'autre désormais) nos Vers vont faire leur soie ; s'ils continuaient à manger de la feuille de nos jeunes mûriers de la plaine, cette soie serait de qualité tout à fait commune, tandis qu'il nous est permis d'espérer, au contraire, qu'elle sera aussi parfaite que le comporte leur espèce ; retenez bien, je vous prie, mes amis, ce précepte dont, pour aucune considération, quand vous élèverez des Vers à soie, vous ne devrez vous écarter : *Gardez toujours la meilleure feuille pour la fin.*

L'appétit des Vers allait rapidement en décroissant; le neuvième jour, ils ne mangèrent que 60 kilogr.; le dixième, 28 kil. leur suffirent; plusieurs cessèrent de manger et commencèrent à se promener lentement le long des bords des claies, en traînant un fil de soie après eux.

— Voilà qu'ils ne mangent plus ; est-ce qu'ils vont encore dormir, monsieur ? dit un enfant.

— J'espère bien que non, mon ami ; ils ne dormiront plus ; ils se disposent à travailler pour nous payer de toutes nos peines; nous allons commencer une nouvelle besogne.

L'instituteur avait fait apporter, dans la cour de l'école, une charretée de genêts à balais ; chaque élève, armé de sa serpette, se mit à tailler en pointe la base de chaque branche de genêt, ce qui fut fait en un instant.

— Qu'allons-nous faire de tout cela? dit un élève.

§ 3. — Des *cabanes*, mes amis. On nomme cabane, en terme de magnanerie, les branches de broussailles piquées dans les rebords des claies, de la manière que je vais vous indiquer. Nous avons le temps ; quand les Vers cessent pour toujours de manger, leur soie est faite ; mais, avant qu'ils la filent, il importe de les laisser *se vider,* c'est l'expression reçue, c'est-à-dire rejeter complétement le résultat de leur digestion. Si nous établissions, dès à présent, notre cabanage, trouvant des broussailles à leur portée, les plus pressés ne manqueraient pas de *monter* avant les autres, et de commencer leurs cocons. Les Vers qui montent avant de s'être bien vidés salissent de leurs déjections ceux qui commencent à monter un peu plus tard, ce qui gâte partiellement la soie et déprécie les cocons : c'est un inconvénient facile à éviter.

— Est-ce qu'on se sert toujours de branches de genêt pour cabanes?

— Non certes; on emploie des ramilles de bouleau, de grande bruyère, de toute autre espèce d'arbustes, selon les ressources locales en ce genre. Les genêts sont particulièrement commodes en ce qu'ils n'ont presque pas de feuilles et en ce que leurs ramifications sont redressées sans être divergentes.

Les rameaux de genêt affilés par le bas furent plantés le long des claies et inclinés les uns vers les autres, de façon à former au-dessus des claies de longues arcades de verdure; des espaces libres étaient ménagés de distance en distance, afin que rien ne gênât la monte et le travail des Vers.

— Et nos retardataires, monsieur, dit un élève? allons-nous aussi cabaner leurs claies?

§ 4. — Oui, mon ami; mais, comme ils sont restés plus faibles de constitution que la masse des autres, nous aurons de l'indulgence pour leur faiblesse; au lieu de planter les genêts debout, nous les inclinerons de côté, dans une position presque horizontale; de cette manière, ils s'y établiront sans grand effort, et donneront chacun un cocon, vaille que vaille; il ne faut pas dédaigner les petits profits.

Ce fut un moment de plaisir bien vif pour les élèves que celui où ils virent leurs Vers à soie monter activement le long des cabanes, s'y fixer par des fils solides, bien que d'une extrême délicatesse, puis s'établir au centre et commencer la besogne sérieuse du filage de leurs cocons.

Tout le voisinage, pour qui c'était une intéressante nouveauté, vint visiter la magnanerie; ceux qui avaient prédit un échec reconnurent leur erreur; les plaisanteries habituelles contre ceux qui plantaient des mûriers cessèrent d'elles-mêmes.

A dater du douzième jour, il ne restait plus que quelques Vers paresseux qui tentaient de monter et n'en pouvaient venir à bout.

— Hâtons-nous, dit l'instituteur, de leur offrir des rameaux de genêt posés à plat sur les claies; les cocons de ces Vers seront les moins bons de notre récolte; mais enfin, ce seront toujours des cocons.

§ 5. Dix-neuf jours s'étaient écoulés depuis le commencement du cinquième âge; il y avait sept jours pleins que les Vers en retard avaient commencé leurs cocons, lorsque l'instituteur donna l'ordre de démonter les cabanes, jugeant le travail des Vers aussi complet qu'il pouvait l'être. Des toiles blanches étendues sur une table reçurent les cocons à mesure qu'ils étaient détachés; aucune précaution n'était négligée pour les conserver aussi propres que possible. A mesure qu'ils étaient détachés des branches de genêt, les cocons étaient *débourrés*, c'est-à-dire débarrassés de la bourre peu adhérente formant leur enveloppe extérieure. Quand tout fut pesé exactement, il se trouva que les Vers provenant de l'éclosion de 30 grammes d'œufs avaient produit dans la magnanerie 49 kilogr. de cocons fermes, élastiques, volumineux, de la plus belle qualité, et 1,500 grammes de cocons mous, de seconde qualité, provenant des Vers retardataires. L'instituteur avait eu grand soin de les faire mettre à part; la présence de quelques-uns seulement de ces cocons parmi les autres aurait suffi pour diminuer sensiblement la valeur vénale de la totalité. Quant au petit nombre de Vers distribués aux élèves et nourris par eux à titre d'amusement, ils se trouvèrent avoir produit en tout 500 grammes de cocons passables, de sorte que toute la récolte se montait à 51 kilogr., résultat qui dépassait de beaucoup les espérances de l'instituteur au début de l'opération.

§ 6. — Cet heureux succès de nos travaux, mes enfants, dit-il aux élèves, aura principalement pour vous les plus favorables conséquences. Par les soins de plusieurs propriétaires éclairés, beaucoup de mûriers ont été plantés depuis quelques années dans notre arrondissement; déjà ceux qui se proposaient d'élever plus tard des Vers à soie se préoccupaient de la difficulté de se procurer des ouvriers exercés pour l'installation de leurs magnaneries : voici qui vous pose du premier coup comme maîtres en cette besogne; le zèle et l'assiduité dont vous avez fait preuve en me secondant, et dont je ne puis trop vous remercier, vous profiteront largement; vous voilà tous en état d'élever en petit des Vers à soie pour votre compte, ou de gagner très-légitimement de bons salaires en dirigeant des éducations de Vers à soie pour le compte d'autrui. Vous avez augmenté votre provision de savoir utile; de plus, vous m'avez aidé à rompre la glace, en implantant dans notre canton l'industrie de la soie qui ne peut manquer désormais de s'y propager; vous avez travaillé dans l'intérêt public en même temps que dans votre intérêt personnel, et tout cela, convenez-en, mes amis, sans ennui comme sans excès de fatigue. La marche de l'opération vous a tellement intéressés que je n'ai pas eu une seule réprimande à vous adresser, tant qu'a duré le travail de la magnanerie.

— Comment en eût-il été autrement, monsieur, dit un élève? Est-il rien de plus attachant que les progrès et le travail de ces admirables chenilles? Pour moi, j'avoue qu'au commencement, je m'étais figuré la chose bien plus difficile qu'elle ne l'est en réalité. Combien de temps, je vous prie, les nymphes enfermées dans les cocons y resteront-elles avant d'en sortir sous forme de papillons?

§ 7. — Ce temps, mon ami, est très-variable, selon la température. Par la chaleur qu'il fait, la plupart des papillons sortiraient dans douze à quinze jours; mais, dès demain, le filateur de soie à qui les cocons sont vendus d'avance, viendra en prendre livraison; il les soumettra à la vapeur de l'eau bouillante pour étouffer les nymphes contenues dans les chrysalides que renferme chaque cocon; il n'en réservera qu'un petit nombre des plus gros et des plus solides, dont les papillons sortiront et serviront à la production des œufs pour les éducations de l'an prochain.

Je regrette, mes amis, de ne pouvoir vous montrer comment on sépare du cocon la bonne soie par une opération qu'on nomme *moulinage*, parce que, dans le Midi, les dévidoirs employés à ce travail se nomment moulins; je vous dirai seulement que la longueur du fil fourni par un cocon est de 1,200 à 1,500 mètres. Après le moulinage de la soie, il reste la *filoselle*, ou *bourre de soie*, qu'on carde et qu'on file pour l'employer à des tissus communs. Les chrysalides contenant les Vers étouffés sont distribuées à la volaille : elle ne doit pas en recevoir une trop grande quantité à la fois.

— Et les cocons dont les papillons sont sortis, sont-ils entièrement perdus?

§ 8. — A peu près, mon enfant; l'insecte, pour se déprisonner, écarte les fils en les embrouillant de telle sorte qu'on ne peut plus les dévider; ils ne sont considérés que comme rebut et ne fournissent que de la filoselle.

A vos moments de loisir, vous m'apporterez vos cahiers de notes; je comblerai les lacunes s'il s'en trouve; ce sera un guide à consulter, quand vous aurez à reprendre, l'année prochaine, votre profession passagère de magnaniers qui vous restera comme une ressource précieuse, acquise pour tout le reste de votre existence.

Questionnaire.

Quelle est la consommation de la feuille, pendant la première période du cinquième âge? § 1.

A quel signe reconnaît-on que les Vers vont cesser de manger pendant le cinquième âge? § 2.

Comment dispose-t-on les cabanes pour la montée des Vers à soie? § 3.

Comment doit-on cabaner les claies des Vers en retard? § 4.

Comment doit-on débourrer les cocons détachés des cabanes? § 5.

Quels avantages peuvent retirer de l'éducation des Vers à soie les enfants et les femmes de la campagne? § 6.

Au bout de quel temps la nymphe du Ver à soie se change-t-elle en papillon? § 7.

Quelle est la valeur des cocons dont les papillons sont sortis? § 8.

QUATORZIÈME ENTRETIEN.

LA COCHENILLE, LES CYNIPS, LES MOUCHES ICHNEUMONES, LE CARABE DORÉ, LE MYLABRE, LE SPHEX, LA COCCINELLE.

§ 1. — Voici, mes amis, dit l'instituteur en étalant sur la table quelque chose qui ressemblait à des grains d'un gris blanchâtre, une marchandise dont l'industrie Européenne emploie tous les ans des quantités énormes valant bien des millions, et qui n'est pourtant pas autre chose qu'une petite punaise du nouveau monde. On nomme cet insecte *Cochenille*. Il a pour proches parentes, en Europe et en Asie, la Cochenille du chêne vert, insecte très-estimé et très-recherché sous le nom de *Kermès*, pour la teinture en rouge, avant la découverte de l'Amérique. Le Kermès est tout à fait négligé depuis qu'il est possible de se procurer, presqu'au même prix, la vraie Cochenille, cette dernière étant très-supérieure au Kermès, comme matière colorante. La Cochenille est donc, vous le voyez, très-digne d'être comptée parmi les insectes les plus utiles, bien qu'elle ne travaille pas, comme l'Abeille et le Ver à soie, au profit de l'homme : le principe colorant contenu dans la Cochenille donne le plus beau rouge qui existe ; c'est celui qu'on prépare pour la peinture artistique, sous le nom de *Carmin*.

— Monsieur, dit un enfant, puisque la Cochenille est un insecte, elle doit vivre aux dépens d'une plante quelconque? Quelle est cette plante? Comment la cultive-t-on? Peut-elle croître dans notre pays?

— Tâchez donc, mon enfant, dit l'instituteur, de vous habituer, comme j'ai déjà eu plusieurs fois occasion de vous le recommander, à ne pas m'adresser plusieurs questions à la fois. Si je m'avisais d'entremêler mes réponses, comme vous entremêlez vos demandes, elles seraient beaucoup trop longues, et vous n'en retiendriez pas la moitié. Permettez-moi de vous raconter, sous forme de parenthèse, une petite anecdote grecque à ce sujet.

Parmi les petits peuples dont l'ensemble composait la Grèce ancienne, les Phocéens passaient pour les plus bavards, et les Spartiates, ou Lacédémoniens, pour les plus sobres de paroles, de là vient l'expression français de *Laconisme,* usitée pour désigner le langage le plus concis possible. Une année où les Phocéens souffraient cruellement de la disette, les récoltes ayant manqué dans la Phocide, ils envoyèrent des députés à Sparte pour demander des secours de vivres, qui leur furent accordés avec plaisir, comme à d'excellents voisins. Le chef de l'ambassade Phocéenne avait parlé pendant plus de deux heures, pour exposer l'objet de sa mission aux *Ephores,* principaux magistrats des Lacédémoniens.

« Mon cher ami, lui dit le chef des Ephores, quand il eut fini de parler, d'abord, vous voulez du blé, vous en aurez. Quant à votre harangue, elle peut être fort belle ; mais, comme elle était fort longue, nous n'avons pas compris la fin, parce que nous avions oublié le commencemnt. »

Il m'arriverait précisément la même chose avec vous, mes amis, si je laissais enjamber l'une sur l'autre, mes réponses à vos questions. Vous, mon enfant, dont le père est meunier, il vous est plus facile qu'à tout autre de vous rappeler le proverbe qui dit, qu'il ne faut pas embrouiller les moutures.

L'enfant promit de penser à ce proverbe et au discours des Phocéens, et de ne plus faire désormais qu'une question à la fois.

§ 2. — La Cochenille, reprit l'instituteur, vit aux dépens d'une plante dont il est nécessaire que je vous dise d'abord quelques mots. Cette plante est nommée par les botanistes *Cactus Opuntia.* Les naturels du nouveau monde la nomment, dans leur langue, *Nopal.* Les colons espagnols, en adoptant ce terme, ont désigné sous celui de *Nopaleros* les plantations de Nopals destinées à la multiplication de la Cochenille. Les anciens habitants du Mexique, dont. avant la conquête espagnole, la civilisation était déjà assez développée, puisqu'ils avaient pour capitale Mexico, ville de plus de 200,000 âmes. savaient faire usage de la Cochenille, soit pour leurs peintures grossières, soit pour teindre en rouge leurs belles étoffes. Ce sont eux qui ont enseigné cette branche d'industrie à leurs vainqueurs. Le Nopal importé du Mexique dans le midi de l'Espagne, et de là en Sicile par les Espagnols, s'est propagé plus tard dans tout le Nord de l'Afrique où il a tellement prospéré qu'on le désigne souvent sous le nom de *figuier de Barbarie.*

— Est-ce que le Nopal produit des figues bonnes à manger?

— Oui, mon ami; les figues du Nopal sont très-sucrées, un peu fades, mais saines et nourrissantes : les paysans de la Sicile s'en nourrissent à peu près exclusivement pendant plusieurs mois de l'année.

— La culture du Nopal est-elle difficile?

— Il n'y en a pas de plus simple. Dans les contrées du nouveau monde situées sous les tropiques, il n'y a que deux saisons : celle de la sécheresse et celle des pluies, qui correspond à l'hiver des pays au climat tempéré. A l'entrée de la saison des pluies, on coupe des fragments de Nopal, dont les tiges plates, qui remplissent en même temps les fonctions de feuilles, sont charnues et très-épaisses. On laisse les coupures se cicatriser au contact de l'air pendant un jour; puis, on plante les morceaux de Nopal comme des boutures, dans un terrain labouré d'avance pour les recevoir. En peu de temps, ces boutures s'enracinent et deviennent des plantes robustes, dont les divisions implantées en biais l'une sur l'autre ont chacune, prise séparément, la forme d'un raquette. Quand la Nopalerie est suffisamment avancée dans sa végétation, on attache de distance en distance sur les Nopals, de petits sachets de grosse gaze remplis de Cochenilles. Celles-ci ne tardent pas à pondre des œufs qui éclosent au bout de quelques jours sous le corps de leur mère. Les jeunes Cochenilles, en raison de leur petitesse, passent aisément au travers des mailles du sachet, et se répandent sur les *raquettes* des Nopals. Dès qu'on voit les Nopals suffisamment garnis de jeunes Cochenilles, on déplace les sachets pleins de femelles pondeuses: cela s'appelle *semer la Cochenille.*

— Monsieur, dit un élève, la Cochenille femelle diffère-t-elle assez du mâle pour qu'on puisse aisément la distinguer et la mettre à part?

— Il n'y a pas à s'y tromper, mon enfant; toutes les Cochenilles récoltées sur les Nopals sont des femelles; les individus mâles, beaucoup plus petits que les femelles, sont ailés, tandis que les femelles ne le sont pas; ils ne sont, pour cette raison, jamais mélangés avec les femelles; ils ne vivent d'ailleurs que quelques jours, tandis que les femelles mettent en moyenne quarante-cinq jours à prendre tout leur développement. Sans les interruptions forcées provenant de la saison des pluies, les Mexicains feraient quatre récoltes de Cochenille par an, ils en font au moins deux, et le plus souvent trois : ce produit est un des plus avantageux de tous ceux de l'agriculture du Mexique.

— Est-ce que le Mexique est le seul pays où l'on récolte de la Cochenille?

— Non, mon enfant; les Mexicains ont eu longtemps le monopole de cette production; mais depuis le commencement de ce siècle, on a multiplié les Nopaleros dans toute l'Amérique centrale, spécialement dans l'Etat de Guatemala. A une époque toute récente, les colons des îles Canaries et de l'île de Madère, ruinés par le fléau de la maladie de la vigne, qui avait éprouvé cruellement leurs vignobles, ont dû à la culture du Nopal et à la multiplication de la Cochenille le retour de leur prospérité; enfin, de nos jours, les colons Européens de l'Algérie ont fait, pour entrer dans la même voie, des tentatives qui paraissent devoir être couronnées d'un plein succès: ce chétif insecte va devenir une source nouvelle de richesse pour cette vaste et belle contrée, nommée à juste titre l'Afrique Française.

§ 3. — Monsieur, dit un des élèves, vous ne nous avez pas expliqué de quelle manière la Cochenille vit aux dépens du Nopal?

J'attendais cette question, et je suis en mesure d'y répondre. La Cochenille est du nombre des insectes nommés par les naturalistes *Gallinsectes*, parce que leur immobilité complète, sur les parties des végétaux sur lesquels ils s'attachent, les fait ressembler à des boutons causés par une affection maladive sur l'écorce de ces végétaux. La Cochenille, peu de temps après sa naissance, choisit sa place sur une raquette de Nopal : elle s'y accroche par ses pattes, dont elle cesse dès lors de faire usage, car elle ne doit plus se déplacer ; elle y enfonce le suçoir qui lui tient lieu de bouche, et y demeure sans mouvement pendant tout le reste de son existence.

— De quelle manière, je vous prie, Monsieur, se fait la récolte de la Cochenille ?

— Lorsqu'elle est parvenue à toute sa grosseur, des ouvriers, tenant de la main gauche une capsule de fer-blanc et de la droite un couteau de bois, semblable à ceux dont nous nous servons pour couper du papier, ràclent doucement les deux surfaces de chaque raquette, et récoltent ainsi toute la Cochenille. On met à part la quantité de Cochenille dont on a besoin pour la reproduction, ainsi que je viens de vous l'expliquer ; le reste est soumis pendant quelques minutes à l'action de la vapeur de l'eau en ébullition, puis séché à l'ombre, et livré au commerce.

Maintenant, mes amis, poursuivit l'instituteur, regardez attentivement ces deux boules que je pose sur la table pour les livrer à votre examen : quelqu'un d'entre vous sait-il ce que c'est ?

— Je crois bien, dit un enfant, que l'une des deux vient sur les feuilles du chêne ; du moins j'en ai souvent ramassé de semblables dans les bois. Quant à l'autre boule noire, hérissée de grosses pointes, je ne la connais pas du tout.

— Ce sont, dit l'instituteur, des noix de galle, l'une de notre pays, l'autre de l'Asie mineure, qui fait partie de la Turquie d'Asie.

— Est-ce que c'est un noyer d'une espèce particulière qui produit ces noix ; et à quoi sont-elles bonnes, je vous prie ?

— Ah ! fort bien, dit l'instituteur, je remarque que vous ne me faites plus que deux questions à la fois ; vous m'en avez fait tout à l'heure trois : il y a progrès. Je répondrai d'abord à la première question. Ce produit est très-improprement nommé noix : ce n'est point un fruit, c'est une excroissance, causée par la piqûre d'une petite mouche qu'on nomme *cynips*. La femelle du cynips pique la feuille du chêne vert et celle du chêne commun, afin de déposer dans une nervure d'une de ces feuilles un œuf microscopique. La larve née de cet œuf mourrait de faim, si elle ne trouvait à manger au moment de sa naissance rien autre chose que la feuille de chêne, qu'il lui serait impossible d'entamer. Mais la femelle a introduit dans la feuille, en même temps qu'un de ses œufs, une très-petite quantité d'un liquide âcre qui donne lieu à une véritable plaie végétale sur la partie piquée. La sève, dénaturée par cette plaie, s'extravase et finit par former, en se consolidant, une excroissance semblable à celle que vous voyez. La jeune larve subit ses transformations au centre de ces excroissances, dont elle mange la substance intérieure tant que dure son existence de larve, et dont elle sort quand elle est devenue mouche parfaite. Je dois vous faire remarquer, mes amis, que ce fait si curieux dans l'histoire naturelle des insectes, n'est point particulier au cynips de la noix de galle; les femelles de plusieurs autres insectes prépade même le logement et la nourriture de leur postérité. La science se borne a constater le fait; mais comment la piqûre d'une petite mouche peut-elle attirer la sève sur un point d'une feuille, la dénaturer et lui donner la forme d'un fruit? C'est un des mille mystères que les naturalistes n'ont pas encore pu pénétrer.

Quant à la seconde question, touchant l'utilité de la noix de galle, regardez ma redingote : elle est noire ; elle a été teinte avec de la noix de galle. L'encre que renferment ces encriers est une forte infusion de noix de galle, à laquelle on a ajouté un peu de gomme en poudre et de sulfate de fer. Si vous coupez avec la lame d'un couteau propre celle qui est colorée en rouge, et qui provient de la feuille de chêne de notre pays, la lame deviendra immédiatement noire. La noix de galle d'Orient est plus riche que celle d'Europe en principes propres à la teinture en noir et à la fabrication de l'encre, aussi est-elle l'objet d'un grand commerce entre l'Orient et l'Europe, qui en emploie tous les ans des millions de kilogrammes.

— La noix de Galle, dit un enfant, se vend-elle bien cher?

— Elle n'a pas de prix fixe, mon enfant; elle est tantôt très-chère, tantôt à très-bon marché; il y a des années où l'on ne peut s'en procurer à aucun prix.

— Comment cela peut-il être, monsieur, dit un enfant? puisque les gens des pays de production de la noix de Galle sont assurés de la bien vendre, pourquoi n'en produisent-ils pas autant qu'ils en peuvent vendre?

— Ils n'en produisent pas dutout, mon enfant. Les habitants d'une partie de l'Asie où croît le chêne vert, et où le Cinips est aussi commun que le cousin dans notre pays, ramassent d'amples provisions de noix de Galle pour les vendre, quand il y en a; quaud il n'y en a pas, ils s'en passent. ils ignorent que la noix de Galle provient de la piqûre d'un Cynips; ils ne se doutent même pas de l'existence de cet insecte qui les enrichit; ils n'ont jamais songé à étudier ses mœurs, à favoriser sa multiplication et, par elle, la production de la noix de Galle, ce qui pourtant ne serait pas bien difficile, et à se créer une source de revenu assurée, au lieu d'un bénéfice tout-à-fait aléatoire, qu'ils réalisent seulement quand la nature leur envoie une récolte de noix de Galle, récolte qu'ils ne savent mériter par aucun travail.

— Il faut, dit un enfant, que les gens de ce pays-là ne soient guère intéressés!

— Ils sont, tout au contraire, excessivement intéressés, mon ami, mais ils sont encore plus ignorants et paresseux. Remarquez à cette occasion la différence des instincts des peuples peu civilisés, qui généralement ont de l'aversion pour le travail, et de ceux des peuples habitués par la vraie civilisation, la civilisation chrétienne, à honorer le travail. L'Iroquois tout-à-fait sauvage, du Nord de l'Amérique, se contente de vivre du produit de la chasse, pensant qu'il y aura toujours assez de gibier; il dédaigne d'élever du bétail pour assurer sa subsistance; quand il n'a pas fait bonne chasse, il meurt de faim. Le Syrien, à demi-civilisé, récolte la noix de Galle, sans s'informer seulement s'il existe un moyen de la produire à volonté; le chrétien, lui, ne consomme que ce qu'il peut reproduire par son travail, en quantité proportionnée aux besoins de la consommation. La consommation de la noix de Galle en Europe est si considérable, et augmente annuellement dans de telles proportions, que quelque jour la production de la noix de Galle, par la multiplication artificielle du Cynips, devra être régularisée. Quand elle le sera, c'est que des Chrétiens d'Europe seront venus s'établir en Syrie et en Asie mineure, pour faire ce que ne feront jamais, à coup sûr, les peuples insouciants et nonchalants de ces deux pays.

§ 6. — Les insectes du genre Cynips sont-ils nombreux? dit un élève, et y en a-t-il qui donnent des produits utiles à l'homme à part la noix de Galle?

Les espèces du genre Cynips sont nombreuses, et je regrette, mes amis, de ne pas avoir à ma disposition, pour vous le montrer, un échantillon d'un produit non moins utile que la noix de Galle elle-même. Ce produit que donne une espèce de Cynips très-commune en Chine est une sorte de cire végétale propre à tous les usages auxquels on emploie en Europe la cire des abeilles. Ce Cynips vit sur un troëne qui ne diffère de celui d'Europe qu'en ce que ses feuilles sont lustrées et persistantes; leur forme est celle des feuilles du lilas commun; le froid de nos hivers ordinaires ne les fait pas tomber; elles sont successivement remplacées par celles qui poussent chaque printemps, d'où il résulte que l'arbuste est toujours vert.

La femelle du Cynips pique les jeunes pousses de ce troëne alors qu'elles sont encore à l'état herbacé. La sève extravasée par l'effet de la piqûre, se change en une cire verdâtre, solide, peu différente de celle des abeilles.

Les Chinois font-ils multiplier à volonté le Cynips de troëne, ou bien se bornent-ils à récolter la cire que cet insecte produit naturellement?

— Les Chinois savent faire ce qui, tôt ou tard, se fera sans doute dans le midi de l'Europe : ils plantent des troënes sur les flancs des collines incultes où toute autre végétation utile serait difficile à obtenir; puis il attachent aux branches de ces arbustes des rameaux d'autres troënes chargés de cire renfermant des larves de Cynips. Par ce procédé très-simple, les Cynips sortant de leur enveloppe de cire, vont piquer les jeunes pousses de troëne sur lesquels ils sont nés, et la production illimitée de la cire est assurée à très-peu de frais. Quand on voudra sérieusement s'en occuper, rien n'empêchera d'en faire autant en Europe. Il y a dans le midi de la France des collines d'une immense étendue dont on ne tire aucun parti; le troëne du Japon et de la Chine s'y multipliera sans peine, ainsi que le Cynips, et nous aurons dans la cire végétale, produite par la piqûre du Cynips, une matière à bas prix, supérieure pour l'éclairage au suif et même à la *stéarine*. On donne ce nom à du suif auquel on a fait subir diverses préparations qui en séparent la partie huileuse et qui le rendent peu différent de la cire véritable. pour la préparation des bougies.

§ 7. — Avant de finir ces entretiens sur les insectes utiles, il me reste à vous parler, mes amis, d'une autre catégorie d'insectes, dont l'utilité consiste à faire une chasse assidue, soit aux insectes nuisibles, soit à leurs larves. Les services qu'ils rendent indirectement à l'homme leur méritent une place parmi les insectes utiles. Regardez à l'aide de ma loupe cette chenille qui semble malade, bien qu'elle soit encore très-vivante : que voyez-vous sur son corps?

— Je vois, dit un élève, une multitude de petits cocons blancs. En voici un qui s'ouvre ; il en sort une très-petite mouche. Est-ce que chacun de ces cocons renferme une mouche semblable ?

— Oui, mon ami ; ce sont des mouches *Ichneumones;* elles sont nées d'œufs déposés par leurs mères dans la substance des chenilles. Les larves de ces mouches ont vécu dans le corps de la chenille, puis elles en sont sorties pour se fixer extérieurement à la peau, et y filer leur cocon, d'où vous venez d'en voir quelques-unes prendre leur vol à l'état d'insectes parfaits.

— En quoi donc, monsieur, peut consister l'utilité de cette mouche, si petite que sans votre loupe je l'apercevrais à peine ?

— Elle consiste, mon enfant, à arrêter la multiplication désastreuse de certains insectes lépidoptères dont, sans leur secours, les chenilles deviendraient tellement nombreuses que l'homme devrait renoncer à entreprendre de les détruire. La mouche Ichneumone n'est puissante que par le nombre, il en naît par centaines de mille, par millions; aucune chenille dont elles se sont emparées ne peut devenir papillon. En Allemagne, les gardes forestiers vont prendre dans les forêts où les chenilles sont en proie à ces mouches, des branches chargées de chenilles malades ; ils les portent dans les bois infestés de chenilles bien portantes dont ils opèrent ainsi la destruction qui serait impossible de toute autre manière.

§ 8 — Dites-moi maintenant, mes amis, le nom vulgaire de ce bel insecte vert et or, que vous devez tous reconnaître.

— C'est une jardinière, dirent à la fois plusieurs enfants.

— Très-bien ! Et savez-vous pourquoi l'on nomme ainsi ce bel insecte coléoptère, dont le vrai nom est *carabe doré ?*

— C'est apparemment, dit un élève, parce qu'on le rencontre constamment dans les jardins.

— Ce n'est pas tout-à-fait la cause du nom vulgaire donné au carabe doré ; on le nomme *Jardinière*, parce que, vivant exclusivement du produit de sa chasse, il fait une guerre assidue, d'abord à la petite fourmi noire, fléau de nos jardins, ensuite aux larves d'une multitude d'insectes nuisibles dont il nous débarasse pour s'en nourrir. Il faut donc bien se garder de tuer le carabe doré, quoiqu'il exhale une odeur désagréable, et qu'il pique assez sévèrement lorsqu'on cherche à le prendre ; mais jamais il ne commence de lui-même les hostilités contre l'homme : pour n'en pas être piqué, il n'y a qu'à le laisser tranquille.

§ 9. — Regardez maintenant, je vous prie, dans cette boîte vitrée ; tous les insectes qu'elle renferme sont utiles à l'homme de la même façon que le Carabe doré et la mouche Ichneumone, en détruisant pour leur nourriture des insectes nuisibles.

— Moi, dit un élève, de toute cette société je ne retrouve que deux individus de ma connaissance. Ce beau coléoptère richement vêtu, se nomme, je crois, *Mylabre* ; vous nous l'avez montré, si j'ai bonne mémoire, occupé à rechercher pour les détruire les larves de divers insectes ennemis de la vigne, et vous nous avez recommandé de le respecter partout où nous aurions l'avantage de le rencontrer. Cet autre, dont je ne sais pas bien le vrai nom, est très-connu de tout le monde sous son nom vulgaire de *bête à bon Dieu* ; j'ignore ce qui lui a valu un titre si honorable; le reste de la société m'est inconnu, et je ne pense pas que mes camarades en sachent plus que moi sur leur compte.

— La bête à bon Dieu, dit l'instituteur, est nommée par les naturalistes *Coccinelle*. Sans qu'il y paraisse, elle nous rend un signalé service qu'elle seule est capable de nous rendre. Douée d'une vue très-perçante, elle voit distinctement ce que nous distinguons à peine avec l'aide d'une loupe, les œufs des pucerons collés aux tiges sèches des plantes; c'est sa nourriture habituelle, et s'il y avait assez de Coccinelles, les pucerons ne pourraient pas multiplier assez pour nuire sensiblement aux produits de nos champs et de nos jardins.

Vous avez très-bien reconnu le Mylabre, dont les caractères sont si nets et si apparents qu'on ne peut le confondre avec aucun autre insecte; voici le *Sphex*, assez rare en Europe, dont la mission particulière consiste à poursuivre les blattes, qu'il dépose dans sa retraite à côté de ses œufs, afin qu'elles servent de nourriture à ses larves au moment de leur naissance. Le Mylabre, la Coccinelle et le Sphex, sont, avec la mouche Ichneumone et le Carabe doré, les insectes qu'il vous importe le plus de connaître parmi ceux dont l'utilité consiste à détruire les insectes nuisibles.

Nous avons épuisé, dans nos précédents entretiens, les notions que je m'étais proposé de vous communiquer sur les insectes nuisibles et les insectes utiles à l'homme à divers titres. Est-ce que vous n'avez pas pris un vrai plaisir en admirant avec moi les merveilles de la puissance et de la bonté de Dieu envers ses moindres créatures, et ne pensez-vous pas comme moi, que le temps employé par vous à acquérir ces notions n'a pas été du temps perdu?

Questionnaire.

A quel genre d'insectes appartiennent la Cochenille d'Amérique et le Kermès, ou Cochenille d'Europe? § 1.

Pourquoi le Kermès a-t-il perdu une grande partie de sa valeur? § 1.

Quelle est la plante aux dépens de laquelle vit la Cochenille? § 2.

Comment favorise-t-on la multiplication de la Cochenille sur le nopal, au Mexique? § 2.
De quelle manière la Cochenille se nourrit-elle aux dépens du nopal ? § 3.
Quelles sont les productions nommées Noix de galle, et quels en sont les usages? § 4.
Pourquoi l'insecte qui produit la noix de galle n'est-il pas multiplié par les soins de l'homme? § 5.
Quel produit utile donne à la Chine le Cynips du troëne? § 6.
Quels services rendent aux forêts les Mouches ichneumones? § 7.
Quelle est l'utilité de l'insecte nommé vulgairement Jardinière? § 8.
En quoi consiste l'utilité de la Coccinelle, du Mylabre et du Sphex? § 9.

QUINZIÈME ENTRETIEN.

SUR L'UTILISATION DES PRODUITS DES ABEILLES.

§ 1. — L'instituteur avait terminé la série de ses entretiens du dimanche avec ses élèves, sur les insectes utiles à l'homme, et son jeune auditoire aspirait au moment où il les reprendrait sur une autre branche de l'histoire naturelle. Un dimanche, il reçut, au sortir de la Grand'messe, une députation des plus âgés de ses élèves, envoyés vers lui par leurs camarades.

— Monsieur, lui dit celui qui remplissait les fonctions délicates d'orateur de la troupe, je suis chargé de vous présenter une demande, et nous espérons tous que vous ne la trouverez pas indiscrète. En causant entre nous, nous aimons, mes camarades et moi, à nous rappeler ce que vous nous avez appris de plus intéressant sur les insectes utiles, objet de vos dernières instructions; nous voudrions vous prier d'y ajouter des notions qui nous manquent sur les produits de ces industrieux insectes et les différentes manières de les utiliser; nous vous serions tous très-reconnaissants, Monsieur, s'il vous était possible de compléter notre instruction à cet égard, et de faire encore pour cela le sacrifice de quelques-unes de vos heures de loisir du dimanche, ainsi que vous l'avez fait avec tant de bienveillance précédemment.

Cette petite harangue qui n'avait pas coûté peu de peine au jeune ambassadeur, fut reçue de la meilleure grâce du monde.

— Rien ne peut m'être plus agréable que votre démarche près de moi, mes amis, dit l'instituteur; car, elle prouve que vous avez pris goût à nos entretiens du dimanche, et que le peu que j'ai cherché à vous apprendre a fait naître en vous le désir d'en apprendre un peu plus long : je suis tout à votre disposition, mes enfants; allez porter ma réponse à vos camarades et revenez avec eux; nous commencerons immédiatement.

Une demi-heure après, tout le monde était réuni autour de l'instituteur, qui reprit l'entretien en ces termes :

Les produits des Abeilles, dont j'ai d'abord à vous parler, donnent lieu à un commerce fort étendu, et servent de matière première à plusieurs industries. Je vous ai fait voir comment on doit extraire le miel pour lui conserver toutes ses propriétés recommandables, et comment la cire doit être fondue pour revêtir la forme sous laquelle elle est admise dans le commerce; je vous montrerai, autant qu'il dépendra de moi, quelles sont les diverses manières de les utiliser.

— Monsieur, dit un enfant, je serais curieux de savoir d'abord, s'il se produit beaucoup de cire et de miel en France et en Europe? Cela doit-être, puisque vous venez de nous dire que ces deux produits étaient l'objet d'un grand commerce.

— Les données de la statistique, à cet égard, reprit l'instituteur, sont fort incomplètes. Pour la France, je ne puis vous indiquer avec un certain degré de certitude, que les chiffres des douanes, qui, sauf la contrebande, représentent assez exactement les importations et les exportations, c'est-à-dire les quantités de chaque produit que la France achète à ses voisins, et celles qu'elle a l'avantage de leur vendre.

Il y a quelques années seulement, la France exportait principalement pour la Grande-Bretagne, 200,000 kilog.

kilogr. de miel tous les ans, ce qui, pour nos départements du centre et de l'Ouest, n'était pas sans importance. Peu à peu, soit parce que la production a diminué, soit parce que la consommation à l'intérieur a augmenté, les quantités exportées sont descendues à cent, puis à quatre-vingt, puis en dernier lieu à soixante mille kilog. par an, sans que les miels de France soient en aucune manière dépréciés à l'étranger; ils sont mêmes très-demandés; mais il n'y en a pas à expédier au dehors. Cependant, comme je vous l'ai dit, ce produit ne coûte absolument rien, et peut être augmenté dans des limites indéterminées, sans causer aucun dommage à l'agriculture; car ce que les abeilles prennent dans les fleurs pour en faire du miel, peut être enlevé sans nuire en aucune façon aux produits que l'agriculture demande aux plantes cultivées.

Quant aux importations, elles sont tout à fait insignifiantes; elles consistent uniquement en deux cent ou trois cents kilog. de miel très-fin, que des Européens établis dans quelques villes du littoral de la Grèce et de la Turquie d'Europe, envoient en présent à leurs amis de Toulon et de Marseille.

§ 2. — Monsieur, dit un des plus jeunes élèves, j'ai souvent entendu parler de la contrebande et des contrebandiers; vous venez de prononcer ce terme : je saisis cett occasion pour vous en demander la signification.

— La voici, mon ami, dit l'instituteur. L'Etat, comme source de revenu public, prélève des droits sur la plupart des denrées et marchandises importées du dehors en France et exportées de France à l'étranger. Pour la perception de ces droits, l'Etat entretient sur les frontières des douaniers, qui parcourent par *bandes* les limites des pays d'où diverses marchandises pourraient être introduites sans payer les droits dont elles sont légalement frappées.

Des malfaiteurs, dont l'opinion publique ne réprouve pas toujours assez la coupable industrie, parcourent, également par bandes, nos extrêmes frontières, pour chercher à introduire en fraude des marchandises grevées de droits; de là le mot de contrebande et de contrebandiers. S'il vous arrive, mes enfants, d'aller habiter un de nos départements frontières, ne faites jamais la contrebande, même pour des valeurs insignifiantes; tout contrebandier est voleur, et quand il est poursuivi par les douaniers, dont le devoir est de l'arrêter, de voleur il devient assassin. Vous entendrez des gens, fort honnêtes d'ailleurs, mais peu réfléchis, dire que la contrebande n'est pas un vol ; comme si voler tout le monde, c'était ne voler personne ? Il ne faut qu'un peu de réflexion pour comprendre que si par la contrebande vous diminuez les revenus de l'Etat, comme il faut toujours que les charges publiques soient satisfaites, quelqu'un paiera, de manière ou d'autre, pour combler le déficit : ce quelqu'un, vous l'aurez volé ! Je suis bien aise que l'occason se soit présentée de vous dire ma façon de pensée à ce sujet.

§ 3. — Revenons au miel. Vos grands-pères et vos pères, mes amis, peuvent avoir gardé le souvenir du temps où, par suite des guerres maritimes du premier empire, le sucre valait en France six francs le kilogramme, parce que on ne recevait pas de sucre de canne des colonies, et que l'industrie du sucre de betteraves en était à son début. De mauvais plaisants la tournaient alors en ridicule ; elle est aujourd'hui répandue dans toute l'Europe, et elle rapporte en France seulement, soit à l'Etat, soit aux particuliers, plusieurs centaines de millions tous les ans. A l'époque où le sucre manquait, le miel le remplaçait en partie, et l'apiculture était en grande faveur. Depuis cette époque, contrairement à ce qu'on aurait pu prévoir, l'apiculture n'a pas cessé de progresser.

Dans tous les pays du nord, on fabrique une très-grande quantité d'une liqueur que les peuples de l'antiquité connaissaient et estimaient fort, et dont ils avaient appris l'usage à nos ancêtres : ils la nommaient *hydromel*. Ce mot, tiré du grec, signifie *eau et miel*. J'en fais tous les ans quelques bouteilles, parce que cette liqueur, prise en petite quanîité, est excellente contre les maux d'estomac. On prépare l'hydromel en mettant dans une cruche du miel et de l'eau, dans la proportion de deux tiers d'eau et de un tiers de miel. Il faut avoir soin de se servir d'une cruche suffisamment grande, et de ne la remplir qu'au tiers. On place la cruche en hiver au coin du feu, et en été au grand soleil. La fermentation fait soulever le liquide au point qu'il déborde le plus souvent, ce qui est indifférent, parce que l'écume est sans valeur. On peut aromatiser l'hydromel de diverses manières : j'ajoute au mien un peu d'anis et quelques tiges d'angélique coupées par morceaux, ce qui le rend plus agréable et plus stomachique, sans en augmenter le prix.

§ 4. — Est-ce bien bon à boire, l'hydromel? dit un des plus jeunes élèves.

Il m'en reste assez, dit l'instituteur, pour que je puisse vous mettre à même d'en juger. Je vous en donnerai peu à chacun, parce que l'hydromel, je dois vous en prévenir, produit l'ivresse comme le vin le plus capiteux.

Les élèves convinrent, après avoir goûté l'hydromel, qu'il était excellent, et qu'ils n'auraient jamais cru que de l'eau et du miel pussent faire une aussi bonne liqueur.

— Mon hydromel, mes amis, ne vous semble si bon, reprit l'instituteur, que parce qu'après l'avoir écumé et filtré à travers une chausse de laine, je l'ai mis en bouteille et l'ai laissé vieillir. Celui que vous venez de goûter à cinq ans; c'est l'âge auquel il commence à être très-bon : j'ai soin d'en faire un peu tous les ans, afin d'en avoir toujours de cet âge.

§ 5. — Parlons maintenant de la cire, produit bien autrement important que le miel au point de vue du commerce et de l'industrie. La France en produit beaucoup et elle n'en a pas tout à fait autant qu'il lui en faut, car elle en reçoit du dehors, surtout d'Italie et de Russie, environ 400,000 kil. par an, représentant une valeur moyenne de 1,750,000 fr. Il est vrai qu'elle en vend à ses voisins, surtout aux Anglais, 375,000 kil. par an, d'une valeur moyenne de 1,600,000 fr., de sorte que la différence est insignifiante.

— Comment se fait-il, Monsieur, qu'ayant tant de cire étrangère à acheter, nous en vendions au dehors une partie de la nôtre?

— La France est grande, mon enfant. Supposez qu'un

fabricant de cierges, à Strasbourg, a besoin de cire, et qu'un apiculteur de Bayonne a de la cire à vendre. S'ils faisaient affaire ensemble, la cire de Bayonne ayant 1,600 kilomètres à parcourir pour être rendue à Strasbourg, les frais de transport en élèveraient le prix à un taux excessif. Le cirier de Strasbourg achète la cire des Allemands ses voisins; les négociants de la Grande-Bretagne envoient leurs navires charger la cire de Bayonne, et chacun y trouve son compte.

— J'attends avec impatience, Monsieur, que vous nous disiez à quoi sert la cire, pour qu'il s'en fasse une si grande consommation et un si grand commerce : je sais bien que les cierges qu'on allume à l'Eglise sont de cire; hors de là, que peut-on faire avec de la cire? Je n'en sais rien du tout.

— Modérez votre impatience, mon ami. Je dois vous dire d'abord, pour n'y plus revenir, que l'Italie, l'un des pays qui produisent le plus de cire par rapport à son étendue, en donne annuellement, en moyenne, 1,800,000 kil. La Russie et le Nord de l'Allemagne, pays où abondent les terres incultes couvertes de bruayère, sur lesquelles les Abeilles trouvent à butiner amplement, en produisent aussi de grandes quantités. Le commerce européen en reçoit en outre beaucoup des Etats-Unis d'Amérique, de l'Inde, de la Chine, et de notre colonie africaine du Sénégal. La cire du Sénégal, qui serait aussi bonne qu'une autre si elle était bien préparée, est noire et visqueuse, en raison du peu de soin apporté à sa préparation; c'est la plus commune et la plus grossière des cires qui existent dans le commerce.

§ 6. — Et la cire de France, Monsieur, est-elle au rang des plus estimées?

— Oui, mon enfant, et ce qu'il y a de singulier, c'est que ce sont celles de nos régions qui produisent le meilleur miel, qui donnent la cire de qualité inférieure, et les parties de la France dont le miel est le moins bon qui produisent la meilleure cire, par une sorte de compensation!

— A quoi, je vous prie, peut-on reconnaître qu'une cire est de qualité supérieure ou inférieure?

— La bonne cire, mon enfant, et d'un jaune clair, uniforme, sans marbrure; sa cassure est nette, et son odeur rappelle celle du miel, qu'elle a renfermé; car, par elle-même, la cire n'a pas d'odeur. Mais, elle a encore un autre caractère plus important au point de vue industriel. Il existe dans le commerce deux qualités distinctes de cire : la cire jaune, c'est celle que nous obtenons par la fonte des rayons de nos ruches, et la cire blanche, ou cire vierge, qui a été blanchie par un procédé que je vous ferai connaître tout à l'heure. Or, parmi les diverses qualités de cire qu'on récolte en France, les unes se blanchissent aisément, les autres ne peuvent être blanchies, ce qui établit entre elles, quant à leur qualité, une différence bien tranchée.

— La réponse à ma question ne doit pas être loin, dit l'enfant qui avait demandé à quoi sert la cire, à part celle dont on fait des cierges?

— Patience, dit l'instituteur, nous allons y venir. On récolte beaucoup de cire en France, dans les départements de l'ancienne Bretagne, de la Normandie, des landes de Gascogne, du Gâtinais et de la Bourgogne. Les cires de ces provenances ont conservé les noms de ces anciennes provinces. La cire de Bretagne, de Normandie et des Landes, se blanchit facilement; celle des autres provenances ne se blanchit pas; de là, au point de vue commercial et industriel, son infériorité.

§ 7. — L'un de vous m'a demandé tout à l'heure ce qu'on fait de la cire qu'on ne blanchit pas. On en frotte les appartements parquetés, et même les escaliers mis en couleur, au risque de rompre le cou de ceux qui les montent : ou en prépare *l'encaustique*, composition qui sert à mettre en couleurs les chambres carrelées; l'emploi qui en absorbe le plus, c'est la peinture à fresque, c'est-à-dire, sur les murs des Eglises ou des salles de diverses édifices publics : ces murs doivent être enduits de cire avant de pouvoir être peints, et la couleur pour ce genre de peinture doit être préparée avec de la cire. On en emploie aussi, mais en quantité comparativement faible, pour la préparation de divers onguents dans les pharmacies, et pour celle des crayons lithographiques. Vous voyez, mon enfant, que s' la cire n'était usitée que pour les cierges, il n'en faudrait pas beaucoup étendre la production, ou bien, on ne saurait qu'en faire, tandis que ce produit, en raison de la multiplicité de ses usages, est toujours recherché dans le commerce, et d'un placement très-facile.

§ 8. — Je prends la liberté, dit un élève, de vous rappeler, Monsieur, votre promesse de nous montrer comment on blanchit la cire.

— Je vais vous le montrer, en effet, mes amis, venez avec moi; vous allez voir que le procédé pour blanchir la cire est de la plus grande simplicité.

Sur les indications de l'instituteur, un élève alluma un feu clair dans la cour sous un trépied de fer portant une petite marmite pleine d'eau. Dès que l'eau fut bouillante, l'instituteur y plongea un poêlon contenant quelques morceaux de cire jaune. Dès que la cire fut ainsi fondue au bain marie, l'instituteur fit apporter un gros manche de bêche que deux élèves prirent chachun par un bout.

— Ayez soin, leur dit-il, de le faire tourner continuellement, et toujours dans le même sens.

Tandis que les élèves tournaient le manche de bêche, l'instituteur versa doucement dessus la cire en fusion, ce qui la convertit en un long ruban; car le contact de l'air la figeait à mesure qu'elle était versée.

— Maintenant, dit l'instituteur, nous allons étendre sur le gazon ce long ruban de cire, et dans quelques jours, l'action de l'air, celle de la rosée des nuits et du soleil pendant la journée, l'auront rendu blanc comme neige. Dans les blanchisseries de cire, le bâton que vous venez d'employer est remplacé par un ou plusieurs cylindres mis en mouvement par une machine à vapeur; la cire est fondue au bain marée et convertie en rubans, comme nous venons de la fondre, mais par centaines de kilogrammes à la fois, le procédé restant exactement le même.

— Pourquoi, Monsieur, fait-on, je vous prie, fondre au bain marie la cire qu'on veut blanchir?

— Parce que, si elle était trop chauffée, elle deviendrait cassante et serait très-difficile à blanchir. En la fondant au bain marie, on est assuré qu'elle n'éprouvera pas de chaleur plus forte que le degré de l'eau bouillante, et c'est la chaleur la plus favorable au succès de l'opération.

§ 10. — Un élève demanda si le procédé par lequel on convertit la cire blanche en cierges, était aussi simple que le procédé pour blanchir la cire.

— Il l'est encore plus, pour ainsi dire; répondit l'instituteur, car il ne s'agit pas d'autre chose que de verser dans des moules de fer-blanc au centre desquels on a fixé une mèche de coton bien tendue, de la cire blanche fondue au bain marie.

Puisque nous parlons des cierges, je ne puis me dispenser de vous dire un mot des bougies. La fabrication des bougies de cire est exactement la même que celle des cierges. De nos jours, on fabrique très-peu de bougies de cire, parce que le prix de ce mode d'éclairage est resté très-élevé, tandis qu'on peut s'éclairer beaucoup mieux et à meilleur marché, soit avec des lampes remplies d'huile épurée, soit avec des bougies de stéarine. On nomme *stéarine* un produit conquis de nos jours par la chimie, et qu'on extrait du suif de bœuf, de chèvre et de mouton. La stéarine a toutes les propriétés de la cire quant à l'éclairage; elle donne une lumière blanche très-égale; elle brûle sans odeur et n'a pas besoin d'être mouchée à chaque instant comme la chandelle de suif. Ainsi, à part les cierges pour le service du culte, lesquels doivent être faits de cire pure, on ne brûle la cire, pour l'usage domestique, que sous la forme de ces petites bougies longues et contournées que tout le monde connaît sous leur nom vulgaire de rats de cave. Voilà, mes enfants, tout ce que j'avais d'intéressant à vous communiquer sur les produits utiles des travaux de l'Abeille industrieuse; vous pouvez juger maintenant de l'importance du miel et de la cire au point de vue du commerce, de l'industrie et de l'économie domestique. Les faits que je viens de vous faire connaître doivent suffire pour vous convaincre de cette vérité : qu'il y a et qu'il y aura longtemps encore trop peu d'Abeilles en France, et que nous pouvons nous occuper de les multiplier, sans craindre d'être jamais embarrassés par la surabondance de leurs produits.

Questionnaire.

Quelles sont les quantités de miel exportées de France et importées en France annuellement ? § 1.
Qu'est-ce que la contrebande, et quelle opinion doit-on avoir des contrebandiers ? § 2.
Comment prépare-t-on l'hydromel ? § 3.
Quelles sont les propriétés de l'hydromel, et au bout de combien de temps est-il arrivé à sa perfection ? § 4.
Quels sont les pays en Europe et hors de l'Europe, où il se produit le plus de cire ? § 5.
Quelles sont les plus estimées parmi les cires françaises ? § 6.
A quels caractères peut on reconnaître la cire de première qualité ? § 6.
Quels sont les principaux usages industriels de la cire ? § 7.
Par quel procédé opère-t-on le blanchiment de la cire ? § 8.
Comment fabrique-t-on les cierges et les bougies ? § 8.
Qu'est-ce que la stéarine, et pourquoi la bougie de stéarine s'est-elle substituée à la bougie de cire ?

SEIZIÈME ENTRETIEN.

SUR L'UTILISATION DES PRODUITS DES VERS A SOIE.

Nous ferons aujourd'hui connaissance, dit l'instituteur, avec les procédés employés pour amener la soie à l'état où elle doit être, pour qu'il soit possible de l'utiliser dans l'industrie, et nous en examinerons les divers usages industriels. Je n'ai pas été en mesure, quand nous nous sommes occupés ensemble de l'éducation du Ver à soie, de vous montrer les préparations diverses que subit le cocon pour donner la soie, et celles que subit la soie pour être livrée au filage, à la teinture et au tissage. Mais, vous êtes assez familiarisés avec le travail du Ver à soie, fileur plus habile que les plus adroits de nos meilleures manufactures, pour comprendre facilement les explications qui me restent à vous donner.

— Moi, monsieur, dit un enfant, en voyant le Ver à

soie enrouler son fil sur lui-même pour faire son cocon, je me suis demandé comment il était possible de retrouver le bout pour le devider?

— C'est, mon ami, dit l'instituteur, ce qui se fait sans aucune difficulté. Autrefois, les femmes chargées de dévider la soie, ou de la *mouliner*, selon l'expression reçue, étaient en même temps obligées de faire seules deux opérations distinctes : détacher le fil de soie du cocon et le dévider. Maintenant l'industrie de la soie est organisée dans le midi de telle sorte que tout le dévidage se fait en grand, à l'aide de machines merveilleusement appropriées à leur destination. Les femmes employées dans les filatures de soie n'ont plus à s'occuper que d'une seule chose : saisir dans l'eau chaude où son plongés les cocons, les brins de soie qui s'en séparent aisément, les réunir en nombre déterminé, depuis 2 jusqu'à 20 ou 25, selon la qualité de fil de soie qu'on veut obtenir, et les livrer ensuite à la machine qui se charge du reste.

— Si l'eau, dit un enfant, est à la température de l'ébullition, les dévideuses de soie doivent cruellement se brûler les doigts.

— Elles plongent, en effet, les doigts dans l'eau bouillante à chaque instant; mais, d'une part, l'habitude leur rend cet excès de chaleur plus supportable qu'à d'autres; ensuite elles opèrent très-lestement et elles trempent de temps en temps leurs mains dans de l'eau fraiche qu'elles ont toujours à leur portée, moyennant quoi elles ne se brûlent pas d'une manière trop douloureuse.

§ 2. — Est-ce que l'eau bouillante est indispensable pour forcer le brin de soie à se détacher du cocon?

— Tout à fait indispensable, mon enfant, parce que le fil de soie est enveloppé d'une substance gommeuse qui le retient collé au cocon, et qui ne se dissoudrait pas sans l'action énergique de l'eau bouillante. Après avoir subi cette action, la soie retient encore une portion de cette substance; on la nomme alors *soie écrue*; elle est de nouveau soumise à l'action de la vapeur d'eau à une haute température, ce qui la fait passer de l'état de soie écrue à celui de *soie grége*: cette opération porte dans l'industrie de la soie le nom de *décresage*.

La soie grége fine n'est formée que de 2 à 10 brins ; c'est celle dont on se sert pour fabriquer les tissus de soie les plus délicats tels que les gazes et les rubans; la soie grége d'Orient, qui nous est expédiée toute préparée de la Turquie d'Asie, spécialement de Smyrne, contient de 15 à 25 brins: elle sert pour les tissus de soie épais et solides. La soie dite *ferme*, particulièrement destinée à faire les diverses qualités de soie à coudre, contient de 12 à 20 brins.

Voilà, dit un enfant, bien des soies différentes, et il faut aux ouvrières une grande habitude pour ne pas s'y tromper.

— L'habitude, comme vous dites, mon enfant, leur donne une grande habileté pour bien exécuter cette besogne, encore plus difficile que vous ne le pensez; car, il y a, outre les soies que je viens de vous nommer, la *Trame simple*, la *Trame double* et les *Organsins*, fils de soie appropriés à divers usages industriels, tous différents les uns des autres.

§ 3. — J'ai à vous expliquer maintenant ce qu'on nomme le *titre* de la soie : quelqu'un de vous peut-il me dire s'il connaît au mot titre un sens autre que celui du titre d'un livre?

— J'ai un frère, ouvrier bijoutier à Paris, monsieur; il m'a souvent parlé du titre de l'or qu'il emploie; il m'a dit que ce mot exprime la quantité de cuivre qu'il est permis d'ajouter à l'or, pour le travailler plus facilement; mais il ne me paraît pas que le mot titre, pris dans ce sens, puisse être en aucune manière appliqué à la soie.

— Vous vous trompez, mon enfant. De même que le titre de l'or, travaillé par votre frère le bijoutier, signifie la quantité d'or pur contenue dans un poids déterminé de ce métal, le titre de la soie indique la quantité réelle de soie qu'un poids déterminé de soie doit contenir.

— Je comprends bien, monsieur, qu'on ajoute du cuivre à l'or, et que le titre désigne dans quelles proportions; mais qu'est-ce qu'un écheveau de soie peut contenir, si ce n'est de la soie?

— De l'eau, mon enfant, et en très-forte proportion, parce que la soie possède, au plus haut degré, la propriété d'attirer à elle l'humidité contenue dans l'air, et de l'absorber sans paraître mouillée extérieurement. Pensez-vous qu'il soit avantageux pour le fabricant d'étoffes de soie d'acheter un kilogramme d'eau au même prix qu'un kilogramme de soie ?

— Je crois en effet, monsieur, que la valeur réelle de l'eau diffère essentiellement de celle de la soie.

— Selon les usages de la fabrique de Lyon, usages suivis dans tout le midi de la France, le titre est déterminé par le poids d'un fil de soie d'une certaine longueur. La longueur adoptée est celle de 400 aunes, ancienne mesure, qui équivalent à 475 mètres 40 centimètres. Vous comprenez, mes amis, que le fabricant qui achète une longueur de fil avec laquelle il sait la quantité de tissu qu'il peut faire, n'est pas trompé ; il le serait si la soie n'était pas *titrée*, et que le fabricant l'achetât au poids, c'est-à-dire au hasard.

§ 4. — Y a-t-il longtemps qu'on s'est avisé de titrer la soie ?

Il y a fort longtemps, mon ami, et l'on ne pourrait fixer l'époque à laquelle les producteurs de soie et les fabicants ont reconnu la nécessité de préciser plus ou moins la valeur réelle de la soie; car il y a longtemps qu'on fait de la soie et des étoffes de soie en Europe Cette production n'a pas cessé de s'accroître depuis l'époque où deux religieux du VIIe siècle, sous le règne de Justinien, rapportèrent de la Chine, dans leurs bâtons de pèlerins, les premiers œufs de Vers à soie qui aient été introduits en Europe. On peut considérer comme une espèce de miracle que pendant un si long trajet sous des climats très-chauds, la température n'ait pas fait éclore les œufs, et qu'ils aient conservé leur vitalité. La culture du mûrier et l'éducation des Vers à soie étaient restées cantonnées dans la Grèce, lorsqu'au XIIIe siècle, Roger, roi de Sicile, introduisit l'industrie de la soie en Italie ; c'est de là qu'elle s'est répandue dans le midi de la France. Vous pouvez bien penser, mes enfants, qu'on n'a pas attendu depuis le XIIIe siècle jusqu'à notre époque, pour chercher à connaître, d'une manière quelconque, la valeur réelle de la soie. Cependant, ce n'est qu'en 1750, qu'à Turin, en Piémont, on a soumis à une réglementation publique le *conditionnement* de la soie. Le même règlement fut introduit à Lyon en 1760, et établi sur de nouvelles bases, par un décret du 12 mars 1805, lequel est encore en vigueur. Les échantillons de chaque qualité de soie sont soumis à la température d'une étuve, qui leur enlève toute l'eau que la soie peut contenir en excès. Il devient dès lors indifférent, pour la sûreté du commerce de la soie, que cette substance reprenne dans l'air, en totalité ou en partie, l'eau qu'on lui a enlevée par la dessication. Une fois qu'il a été constaté qu'un écheveau de soie, formé d'un certain nombre de mètres de fils de soie, pèse tant de grammes à l'état sec, peu importe ce qu'il peut peser en plus ; le vendeur et l'acheteur savent sur quelle base ils doivent traiter.

§5. — Monsieur, dit un élève, dans un cocon, tout n'est pas soie : il y a d'abord la bourre extérieure que vous nous avez fait enlever avant de peser les cocons pour la vente ; il y a ensuite la soie proprement dite : quand elle a été toute dévidée, que fait-on du reste, je vous prie?

— Ce reste, dit l'instituteur, est une matière première parfaitement utilisée par l'industrie, qui lui a donné le nom de *bourre de soie ou fantaisie*. Après l'avoir cardée et filée par des procédés mécaniques, on emploie la bourre de soie, soit seule, soit associée au coton, pour fabriquer les étoffes dites de fantaisie, d'un aspect agréable, solides et à bon marché.

Un élève demanda si l'on avait déjà commencé à utiliser sur une grande échelle la soie des insectes rivaux de la chenille du mûrier.

§ 6. — C'est par là qu'on avait commencé dans l'origine, mon enfant. D'après les renseignements que nous ont transmis à cet égard les historiens et les naturalistes contemporains de l'introduction de la soie, il paraît que dès cette époque, non-seulement on savait qu'à la Chine et aux Indes, plusieurs chenilles vivant sur le chêne et sur le frêne, donnent une soie abondante et peuvent être élevées sur ces arbres à l'état sauvage, mais encore on avait élevé ces chenilles en très-grande quantité, en concurrence avec le Ver à soie, et la fabrication des tissus préparée avec la soie de ces chenilles, était l'objet d'une grande et florissante industrie, qu'on cherche à restaurer de nos jours, surtout en raison des pertes graves éprouvées par les éleveurs de Vers à soie, depuis que de cruelles maladies, dont on n'a pas encore trouvé le remède, sévissent contre la précieuse chenille du mûrier.

La création ou plutôt la restauration de cette branche d'industrie n'est point encore assez avancée pour que je puisse vous en dire autre chose, sinon qu'on a obtenu les résultats plus encourageants des essais de fabrication de divers tissus, tentés avec la soie des cocons des chenilles qui vivent aux dépens du chêne, du ricin et du vernis du Japon.

— Est-il vrai, Monsieur, dit un enfant, que l'industrie de la soie, comme je l'ai vu sur un journal, occupe à Lyon seulement des milliers d'ouvriers nommés *canuts*, condamnés par l'exercice de cette industrie à une existence très-misérable ?

§ 7. — Je suis heureux, mon ami, de pouvoir vous dire que la condition des canuts ou tisseurs de soie de Lyon, s'est singulièrement amélioré de nos jours, par l'adoption de deux moyens que je ne puis oublier de vous faire connaître. D'abord, sous le règne de Louis XV, un mécanicien de génie, nommé Vaucanson, avait inventé pour la fabrication des tissus de soie, une machine qui supprimait ce que le tissage de ces étoffes avait eu jusque-là de plus pénible pour l'ouvrier. Sous le règne de Napoléon Ier, un simple ouvrier tisseur en soie, nommé Jacquard, apporta de nombreux perfectionnements pratiques à la machine de Vaucanson, et après avoir subi pendant longues années les plus rudes épreuves de la misère, il réussit à les faire adopter. Aujourd'hui, le métier à la Jacquard est le seul en usage pour le tissage de la soie ; et la reconnaissance publique a élevé sur une des places de Lyon, à cet habile mécanicien, une statue bien méritée.

§ 8. Le second changement qui complète le premier, s'est opéré en grande partie par le déplacement de l'industrie de la soie. Les tissus de soie ne sont plus exclusivement fabriqués dans les ateliers de la grande industrie.

Dans un rayon fort étendu autour de Lyon, la plupart des cultivateurs ont chez eux un métier à la Jacquart. Ils ne sont tisserands que quand la mauvaise saison suspend forcément les travaux de l'agriculture; ils conservent ainsi une santé vigoureuse, et les besoins de l'industrie n'en sont pas moins satisfaits.

Un enfant demanda s'il y avait encore à Lyon des canuts?

— Il y en a toujours, mon enfant, répondit l'instituteur; mais les conditions de leur travail sont tellement améliorées qu'ils n'éprouvent ni plus de souffrances, ni plus de privations que les ouvriers de nos autres grandes industries manufacturières.

— La France, dit un enfant, produit-elle assez de soie pour alimenter ses manufactures?

§ 9. — Elle ne peut en produire qu'une très-faible partie, même dans les années ou les Vers à soie ne sont pas décimés par les maladies. Une grande partie des soies travaillées en France vient du Piémont: la Chine, l'Inde et l'Asie mineure nous fournissent le reste. Vous voyez, mes enfants, qu'il y a amplement de la marge pour la culture du mûrier et l'introduction de l'industrie de la soie dans les cantons où, comme dans le nôtre, on ne s'en est pas encore sérieusement occupé. La France reçoit du dehors 166,000 k. de soie; elle exporte tous les ans 6,600,000 mètres de tissus de soie. La valeur de la soie importée est de 92,000,000 et la valeur des soieries exportées est de 190,000,000. Le rapprochement de ces deux chiffres, puisés dans la statistique officielle vaut à lui seul tout ce que je pourrais vous dire de plus concluant à ce sujet. Vous êtes tous, ou presque tous destinés à devenir cultivateurs; si quelques-uns d'entre vous s'adonnent à la culture du mûrier et à l'élève du Ver à soie, s'il s'établit à leur proximité une fabrique de soieries qui leur permette de faire alterner le tissage de la soie avec les travaux de l'agriculture, ils verront quel accroissement de bien-être en peut résulter pour les ménages des petits cultivateurs; et moi, mes enfants, je serai heureux de penser que ce sera pour vous une occasion d'entretenir un souvenir bienveillant de votre vieux maître, qui vous en aura donné le conseil.

Questionnaire.

Comment s'opère le dévidage ou moulinage de la soie des cocons? § 1.

Quels divers noms reçoit la soie en raison des diverses préparations qu'on lui fait subir? § 2.

Qu'est-ce que le titre de la soie, et quelle analogie offre-t-il avec le titre des métaux précieux? § 3.

A quelle époque remonte l'introduction de l'industrie de la soie en Grèce, en Italie et dans le midi de la France? § 4.

Qu'est-ce que le conditionnement légal de la soie et quand a-t-il été régularisé en Piémont, puis en France? § 4.

Comment nomme-t-on le cocon dépouillé de sa soie, et comment est-il utilisé pour l'industrie? § 5.

Les Vers à soie, autres que celui du mûrier, ont-ils déjà été autrefois utilisés en Europe? § 6.

Comment le sort des *canuts*, ou tisseurs de soie de Lyon, s'est-il amélioré de nos jours? § 7.

Quels sont les deux mécaniciens qui ont le plus perfectionné le métier à tisser la soie? § 8.

Combien la France reçoit-elle de soie du dehors, et combien vend-elle de tissus de soie à l'étranger? § 9.

TABLE DES MATIÈRES.

ABEILLES.

VERS A SOIE.

COCHENILLE, CYNIPS, Insectes destructeurs des Insectes nuisibles.

OUVRAGES DE M. L.-C. MICHEL

ET A LA MÊME LIBRAIRIE.

1° **MÉTHODE DE LECTURE ET DE PRONONCIATION**, comprenant tous les éléments de la lecture et de la prononciation et conduisant l'élève jusqu'à la lecture courante.

Ouvrage approuvé par l'Université.

1 vol. grand in-18, prix broché, 20 c.
Le cartonnage se paye 5 cent. en sus.

2° **TABLEAUX DE LECTURE** pour la lecture en commun, à l'usage des écoles mutuelles, mis en rapport avec la méthode. 48 tableaux in-fol., prix, 1 fr. 50

3° **LIVRE OU GUIDE DU MAITRE**, contenant les explications et les directions nécessaires aux maîtres pour l'usage de ces cours et leur apropriation à la marche d'une école.
1 vol. grand in-18, prix, broché, » 90 c.

4° **PREMIERS EXERCICES DE LECTURE COURANTE**, présentant dans leur développement successif l'application des difficultés et des anomalies de la lecture et de la prononciation, et entremêlés de petites lectures instructives et amusantes.
1 vol. grand in-18. Prix, cart. » 50 c.

— **SECONDS EXERCICES DE LECTURE COURANTE** faisant suite aux 1ers.
1 vol. grand in-18, prix, cart. » 80 c.

5° **CHOIX DE LECTURES GRADUÉES** proportionnées à l'âge et au degré d'intelligence des enfants, et propres à piquer leur intérêt, à meubler leur esprit de connaissances utiles, à former leur jugement et leur cœur.
1 vol. grand in-18, prix, cartonné, fr. 80 c.

6° **MÉTHODE D'ORTHOGRAPHE**, présentant avec l'exposé des règles générales une série graduée d'exercices et de devoirs préparés pour l'application des règles et la solution des principales difficultés.
1° *Livre de l'élève :* Exercices, Devoirs, Principes. 1 vol. grand in-18, prix, broché, 50 c.
Le cartonnage se paye 5 cent. en sus.
2° *Livre ou guide du maître :* 1 vol. gr. in-18. Prix, broché, 1 fr. 25

Paris. — Imprimerie de E. Donnaud, rue Cassette, 9.

www.ingramcontent.com/pod-product-compliance
Ingram Content Group UK Ltd.
Pitfield, Milton Keynes, MK11 3LW, UK
UKHW021059260726
13994UKWH00002B/589

9 782329 366654